우리 아이
평생 면역

성장, 영양, 스트레스까지 한의사가 알려주는 '면역력 홈케어'

우리 아이 평생 면역

초판 1쇄 인쇄 2021년 9월 17일
초판 1쇄 발행 2021년 9월 27일

지은이 안예지

발행인 백유미 조영석

발행처 (주)라온아시아
주소 서울특별시 서초구 효령로 34길 4, 프린스효령빌딩 5F

등록 2016년 7월 5일 제 2016-000141호
전화 070-7600-8230 **팩스** 070-4754-2473

값 16,000원
ISBN 979-11-91283-84-6 (10590)

※ 라온북은 (주)라온아시아의 퍼스널 브랜드입니다.

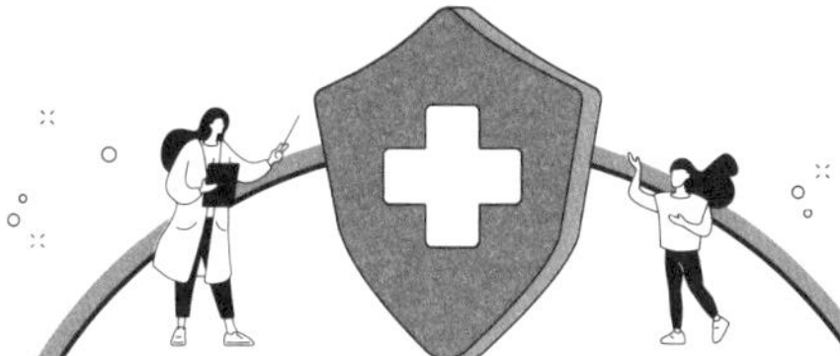

우리 아이 평생면역

안예지 지음

RAON BOOK

프롤로그

우리 아이의 면역력을 미리 키워야 하는 이유

나는 한의원에서 진료를 보면서 매일 수많은 부모님과 가족들을 만나고 있다. 이들은 당연히 가정마다 매우 다양한 상황과 생활패턴을 갖고 있기 때문에 한의원에 오게 된 계기도, 아이의 건강 상태도 모두 제각각이다. 그러나 이들에게는 하나의 공통점이 있다. 바로 부모가 아이를 아끼고 사랑하는 것만큼은 정말 놀라울 정도로 한마음이라는 것이다. 어떤 부모와 상담을 진행해도 아이를 사랑하고 아끼는 마음, 내 아이를 더 잘 키우고 싶은 마음이 늘 오롯이 느껴진다. 더불어 요즘 부모들은 전보다 더 좋은 부모가 되기 위해 노력을 많이 하는 것 같다. 아무래도 우리 사회가 이전보다 경쟁이 심화해서인지 아이에게 무엇이든, 어떻게든 더 좋은 환경을 마련해주고 싶어 한다. 그만큼 부모 스스로 더 좋은 부모, 더 완벽한 부모가 되고 싶어 하는 경우를 많이 본다.

여기서 내가 안타까운 것은 다들 아이를 건강하게 잘 키우고 싶어 큰 노력을 기울이지만 그 방법을 잘 모르는 경우가 많다는 것이다. 잘 해내고 싶은 마음에 시간도 들이고 돈도 쓰면서 이것저것 좋다는 것은 다 찾아 먹이는 것은 물론이고, 좋은 기관, 좋은 센터, 좋은 놀이 교구를 다양하게 준비하고도 또 무엇이 더 좋을지 찾아 헤맨다. 하지만 정작 중요한 기본을 놓치고 있는 부모들을 만나게 되면 속상한 마음이 든다. 게다가 2020년에는 코로나19가 전 세계로 번지면서 이런 부모의 노력에 더 큰 숙제를 던져주었다. 부모도 처음 겪어보는 상황이기에 우리 아이가 이대로 괜찮은 게 맞는지 걱정이 앞설 것이다. 이미 코로나19로 인해 세상의 많은 부분이 변하고 있고, 앞으로 아이들이 살아갈 세상에는 코로나19와 같은 바이러스가 더 자주 발생할 거라고 하는데, 우리 아이에게 무엇을 더 어떻게 해주어야 할지 고민이 더 커져만 간다.

나는 이 모든 걱정의 답은 늘 부모에게 있다고 믿는다. 아무리 좋은 영양제를 챙겨 먹고 아무리 좋은 선생님에게서 교육을 받는다고 해도 아이가 가장 많은 시간을 보내는 곳은 집이다. 아이는 부모와 가장 많은 상호작용을 하고 집에서 가장 많은 음식을 먹으며, 부모의 생활패턴을 가장 많이 모방한다.

따라서 우리 아이의 건강을 기초부터 튼튼히 하고 싶다면 가장 먼저 부모가 직접 집에서 할 수 있는 홈케어에 신경을 쓰는 것이 무엇보다 중요하다. 집이야말로 좋은 식습관으로 아이의 에너지를 충전하고, 좋은 생활 습관으로 아이의 성장을 돕고, 부모와의 좋은 애착 관계를 쌓아 아이의 마음의 힘을 튼튼하게 할 수 있는 곳이다. 이 모든 것이 지금은 우리가 예상하지 못하지만 앞으로 아이가 맞이할 그 어떤 상황에서도 아이 스스로 지켜낼 수 있는 힘, '면역력'이 되어 아이를 지켜줄 것이다.

하지만 면역력 홈케어라는 말을 들으면, 부모는 한숨부터 내쉬는 경우가 많다. 도대체 집에서 무엇을 어떻게 해줘야 하는지 방법도 잘 모르겠고, 열심히 풀어야 할 곤란한 숙제를 가득 받은 기분이 들기 때문이다. 그러나 부모가 집에서 해주는 면역력 홈케어는 그리 거창한 것이 아니다. 아이의 건강에 가장 기초가 되는 '먹고 자고 싸는' 것이 원활하게 이루어질 수 있도록 도와주면 되는 것이다. 그 방법 또한 아주 예전부터 익히 들어 다 아는 것이지만 중요성을 미처 인식하지 못했던 것들이다.

이 책 1장에서는 우리 아이에게 면역력이 왜 중요한지 그리고 지금과 같은 팬데믹 상황에서 왜 더 면역력을 챙겨야 하는지 다루고 있다. 2장에서는 부모가 해주는 면역력 홈케어가 무엇인지 최대한 이해하고 실천하기 쉽도록 설명한다. 3장에서는 식습관과 소화기에 관한 문제점과 방안들을 담고 있다. 4장에서는 아이들의 활동량과 시력, 잠 등 성장기에 중요한 문제에 대해 다룬다. 마지막 5장에서는 최근 더욱 중요성이 커진 마음 면역력에 관한 내용으로 구성했다. 책 전반적으로 부모가 집에서 쉽게 실천할 수 있는 면역력 홈케어 방법을 제시하고자 노력했다. 읽으면 읽을수록 부담되는 거창한 방식이 아닌 오늘 당장이라도 시작할 수 있는 사소하지만 큰 변화를 주는 손쉬운 홈케어 방식을 추천하려고 했다. 아울러 진료실에서 부모님께 자주 듣는 질문을 부록으로 정리해 도움을 주고자 하였다.

이 책을 읽으신 모든 부모님이 간단하지만, 오늘부터 바로 내 아이에게 도움이 되는 변화를 가져다줄 수 있기를 희망한다. 그 결과, 부모가 우리 아이의 건강을 지켜낼 수 있기를 바란다. 그리고 그 아낌없는 부모의 사랑과 돌봄 속에서 코로나19로 인해 힘들었던 우리 아이들의 신체와 정서가 빠르게 회복되고 우리 모두가 소중한 일상으로 돌아가길 진심으로 소망해본다.

안예지

차 례

2장

집에서 시작하고 마무리하는 면역력

3장

식습관 홈케어

4장

성장 홈케어

5장

마음 면역력 홈케어

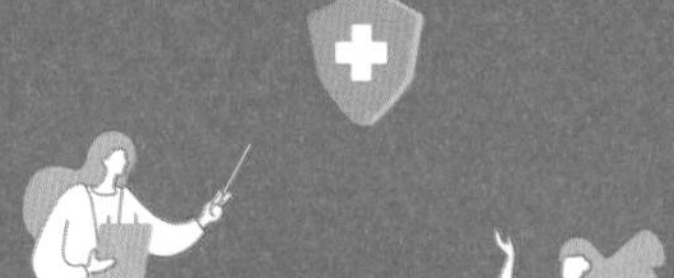

1장

면역력이 평생 건강을 좌우한다

비대면 시대
질병의 양상이 달라졌다

코로나19의 역습

우리의 일상생활은 2020년 1월, 첫 코로나19 환자가 국내에 발생했다는 뉴스가 보도된 이래 이전과는 비교할 수 없이 달라졌다. 팬데믹(pandemic) 상황이 지속되면서 직장으로의 출근길, 학교로의 등굣길 등 너무나 당연했던 것들이 당연하지 않은 것이 되어버렸고, 심지어 우리의 건강을 위협하는 통로가 되었다. 전염병 확산 방지를 위해 사회는 빠르게 비대면 사회로 변화했다.

서울교통공사에 따르면 2019년도 대비 2020년 서울 지하철 이용자 수가 26.3% 감소했다. 또한 첫 확진자 발생 직후 온라인 소비 매출은 급격히 증가했다. 모바일 빅데이터 플랫폼 기업인 아이지에이웍스(igaworks)의 모바일인덱스 자료를 보면, 화상회의 앱의 대표 주자인 '줌'의 월간 이용자 수는 2019년 11월 기준 2만여 명에서 1년 만에 283만여 명으로 100배 넘게 증가했다.

비대면 수업의 명과 암

이런 상황에서 우리 아이들도 비대면이라는 거대한 흐름에서 자유로울 수 없었다. 개학은 연기되었고 가정 보육이 권장되었다. 온라인 수업이 확대되어 집에 머무르는 시간이 늘었고, 학교나 기관에서도 마스크, 가림막 없이는 마주 앉을 수 없게 되었다. 네 번의 대유행을 거치면서 팬데믹 상황 이전처럼 자유롭게 밖을 돌아다니고 마음껏 뛰어놀기도 어려워졌다. 경제, 사회, 문화, 교육 등 우리의 일상 모든 분야에서 영향을 받지 않는 것이 없었다. 이는 의료와 건강 문제에서도 예외가 아닐 것이다.

건강보험심사평가원의 통계에 따르면 2020년 상반기의 요양급여 비용은 2019년 상반기와 비교해 0.3% 감소하였다. 그중에서도 소아청소년과는 38.3%, 이비인후과는 20.5%로 감소폭이 가장 컸다. 아무래도 개인위생이 강조되고 아이들의 단체 생활과 접촉이 줄어들면서 전염성 질환 및 호흡기 질환의 발생이 줄어든 영향이다. 보통 단체 생활을 하는 5세 미만의 아이들에게서 초여름부터 본격적인 유행을 시작하는 수족구병의 경우, 2019년 7월(27주)에는 외래 환자 1,000명당 환자 수가 66.7명이었지만 2020년에는 같은 시기 환자 수가 한 명에 불과했다.

나 역시 2020년 여름에는 수족구병 환자를 단 한 명도 보지 못했다. 이처럼 그동안 아이들이 취약했던 감염성 질환과 호흡기 질환은 큰 폭으로 줄었다. 알레르기성 비염 역시 감기와 더불어 환절기에 아이들이 병원에 가게 되는 큰 이유 중 하나인데 마스크를 착용하고 실내에서 생활하는 시간이 길어지다 보니 내원율이 큰 폭으로 감소한 것이 사실이다.

코로나19 블루에 이어 레드가 닥치다

2020년 상반기에 요양급여 비용이 큰 폭으로 늘어난 진료과가 있다. 바로 정신건강의학과다. 이전에 겪어보지 못했던 코로나19 팬데믹의 영향으로 '코로나19 블루'가 신조어로 등장했다. 코로나19 블루는 코로나19와 우울감(blue)이 합쳐진 신조어로, 날로 악화되는 전염병의 상황에 더해 경제적인 타격, 산업의 급변화로 인한 불안한 상황을 반영한다. 그리고 성인, 아이 할 것 없이 길어지는 '집콕' 생활에 답답함과 피로감을 호소하게 되었다. 게다가 최근에는 우울감을 뜻하는 코로나19 블루를 넘어서서 감정이 분노로 폭발하는 '코로나19 레드'로 이어지고 있다.

2020년 3월, 초등학교 입학을 앞두고 있던 아이를 진료하면서 입학이 연기되어 마음이 어떤지 물어본 적이 있었다. 그 아이는 학교를 가지 못해 속상하다면서, 학교에 가게 되면 새로운 친구들을 많이 만나보고 싶다고 했다. 아이의 속상한 표정에 내가 괜히 미안해지면서 이제 곧 상황이 좋아져서 금방 학교에 갈 수 있을 거라고 위로해주기도 했다. 하지만 그 이후로도 아이는 한참이나 등교를 하지 못했고 EBS 동영상 강의를 포함한 온라인 수업을 들어야했다. 그 수업중에 학교에서 새로 사귄 친구 이름을 적어보자는 교과 내용이 있었지만, 다들 상상력을 발휘해 '학교에 간다면 만나고 싶은 친구'를 쓸 수 밖에 없었던 속상한 이야기를 전해듣기도 했다.

친구를 만날 수도 없고, 뛰어 놀면서 스트레스를 풀 수도 없고, 마스크를 벗을 수도 없는 억압적인 환경에서 아이들은 틱 장애, 소아우울증, 불안, 신경성 복통과 두통, 수면 장애 등 수많은 신경정신과적 질환을 가지고 내원했다. 꼭 질환을 보이지는 않더라도 진료 중에 아이의 심리와 정서 문제로 고민을 토로하는 보호자도 정말 많았다. 아이와 집에 함께 있는 시간이 늘어나면서, 잔소리가 늘고 사소한 문제로 부딪히면서 아이와 사이가 나빠지는 것 같아 걱정하는 부모도 많았다. 코로나19 이전에는 그래도 유치원이나 태권도 학원 등에서 몸을 움직이고 친구들과 신나게 놀기도 하면서 스트레스를 풀고 체력을 많이 소모하고 집으로 돌아왔을 것이고, 엄마도 오전 시간 내내 아이와 떨어져 있었기에 하원 시간에 맞춰 간식을 준비하고 오늘은 무엇을 하고 놀았는지 묻기도 하면서 아이에게 애정을 듬뿍 담은 시간을 보냈을 것이다.

하지만 가정 보육으로 전환되면서 하루 종일 여러 자녀들을 돌보며 집에 있어야 하는 경우, 많은 엄마들이 아이들과 충분히 놀아줄 여력이 되지 못했다. 아이들도 하루 종일 서로 붙어있다 보니 사사건건 다투는 일도 잦아졌고 그럴 때마다 엄마한테 혼이 나면서 아이들도 스트레스를 받았을 것이다. 이런 과정이 반복되면서 퇴행 현상을 보이거나 심리적인 문제가 원인이 되는 빈뇨나 야뇨증을 보이는 아이들도 있었다.

위드 코로나 시대, 변화의 출발은 가정에서

이제는 코로나19와 함께 살아가는 위드 코로나(With Corona) 시대라고 한다. 아마 지금의 팬데믹이 끝나더라도 이미 변화된 생활 환경은 그 이전과 똑같지 않을 것이다.

한국경영자총협회가 2020년 9월에 '국내 매출액 상위 100대 기업'을 대상으로 조사한 결과, 코로나19 이전보다 재택근무 활용이 확산될 것이라고 답한 기업은 53.2%로 절반 이상이었다. 대면보다는 비대면을 선호하는 현상이 지속될 것이고, 상대적으로 안전하다고 느껴지는 개인, 가족 위주의 삶으로 재편성될 것으로 예상된다. 아이들의 생활 역시 마찬가지다. 교육의 상당 부분이 온라인으로 전환되어 온·오프라인 교육이 혼합된 형태로 발전될 것이고, 아이들은 이전과 비교해 가정 내에서 보내는 시간이 더욱 늘어날 것이다. 이로 인해 '가족'과 '부모'의 역할도 더욱 중요해졌다.

또한 아이들의 생활 패턴이 달라지면서 주로 보이는 질환군도 달라지고 있다. 호흡기와 감염성 질환은 줄어들고 신경성 질환이 늘어날 것이다. 이에 맞춰 아이의 건강과 올바른 성장을 위해 부모가 신경 써야 할 부분 역시 달라져야 한다. '줌'으로 회의하고 '로켓배송'으로 장을 보고 '홈트'로 체중 관리를 하는 새로운 시대에서 그저 감기에 걸리지 않는 것이 지상 최대의 과제였던 예전처럼 아이의 건강을 관리할 수는 없는 것이다. 부모가 먼저 새로운 시대적 상황을 파악하고 변화를 준비해야 아이의 건강을 지킬 수 있다.

집에 있는데
면역력이 왜 나빠져요?

감기에 안 걸리면 건강해진 걸까?

최근에 이런 이야기를 많이 들었다. "선생님, 아이가 단체 생활을 안 하니까 감기에 안 걸려요. 더 건강해진 것 같아요." 일반적으로 11월의 초겨울에 시작되어 다음 해 4~5월까지 이어지는 인플루엔자 유행주의보가 2020년에는 12주나 앞당겨져 3월 말에 해제될 만큼 감기, 독감과 같은 감염성 질환이 줄어든 것이 보인다. 봄, 가을 환절기가 되면 감기를 달고 살면서 입원도 심심치 않게 했던 아이들이 외출을 하지 않고 개인 방역 수칙을 잘 지키니 감기 한 번 걸리지 않고 그 시기를 넘긴 것이다.

그러면 아이가 감기에 걸리지 않고 아프지 않으니 더 건강해진 것일까? 꼭 그렇지는 않을 것이다. 아이들은 그저 감기에 걸릴 기회가 없었던 것이다. 열이 나는 아이는 집에서 나오지 못하니 서로 바이러스나 세균을 옮기지 않았고, 키즈카페처럼 사람이 많이 모인 곳에 가지 않으니 감염원에 노출되지 않은 것뿐이다. 아이들이 다시 마스크를 벗고 단체 생활을 시작하게 되면 예전처럼 감기에 걸릴 것이다. 오히려 그 이전보다 더 고생을 할 수도 있다.

후천적 면역력을 획득할 기회가 사라지다

역설적으로 느껴질 수 있지만 아이들의 면역력을 높이기 위해서는 감기에 걸리고 회복되는 과정이 필요하다. 외부의 감염원에 대해 우리 몸을 지키는 면역력은 선천적 면역체계와 후천적 면역체계의 상호 보완 작용을 통해 완성된다. 약간의 예외가 있기는 하지만, 선천적 면역체계는 모든 사람이 같은 반응 기전을 가지고 태어나는, 본래 가지고 있는 면역 기능에 가깝다.

하지만 후천적 면역체계는 특정 외부 물질 혹은 예전에 노출된 적이 있는 특정 감염원에 대해 선택적으로 면역 반응을 나타내는 것으로 사람마다 다르게 나타난다. 우리의 몸은 후천적 방어 능력을 갖추기 위해 특정 병원균을 인식하는 방법을 배우는 등 여러 훈련 과정을 거친다. 이때 이미 접했던 병원체에 대해서는 기억 세포로 저장하여 다음에 같은 병원체에 노출될 경우 더욱 신속하고 강력하게 방어할 수 있도록 한다. 따라서 유아기 초기에 다양한 미생물에 노출되는 것은 아이들의 면역체계가 위험한 것과 그렇지 않은 것을 인식할 수 있는 훈련의 기회이기도 하다.

이 때문에 미국소아과학회는 아이에게 땅콩, 달걀과 같은 알레르겐(allergen)을 유아기보다 일찍 먹이라고 권유하고 있다.[1] 그렇게 하면 아이의 면역체계가 조금씩 이러한 음식이 안전하다는 것을 학습하기 때문이다. 우리가 예방접종을 하는 이유도 우리 몸의 방어 체계를 병원체에 고의로 노출시키는 경험을 하게 해서 항체를 형성하고 실제로 그것에 감염되었을 때 대항할 수 있는 면역체계를 만들어내기 위해서다.

반복하면 회복된다

일반적으로 아이들은 단체 생활을 처음 시작할 때 폭발적으로 감염 질환에 걸린다. 어린이집에 가기 전까지 감기에 한 번도 걸리지 않았던 아이도 단체 생활을 시작하는 3월부터 5월까지의 봄 환절기를 지나면서 감기를 내내 달고 있기도 하고 모세기관지염이나 고열 등으로 수차례 입원을 하는 경우도 많다.

주로 가족들하고만 생활할 때 접하게 되는 감염원과 수십 명의 아이들이 함께 할 때 서로 주고 받게 되는 감염원의 양과 종류는 비교할 수 없을 정도로 차이가 날 것이다. 아직 경험이 적은 면역체계는 방어력이 부족하기 때문에 감기에 쉽게 걸리고, 나았다 다시 걸리는 과정을 반복하게 된다. 하지만 시간이 지날수록 감기에 걸리는 횟수는 줄어들게 된다.

이는 아이가 단체 생활에 적응해나가면서 체력이 좋아지는 것도, 조금씩 나이가 들어서 선천적 면역체계가 발달하는 것도 도움이 되겠지만 후천적 면역체계가 자리를 잡아가기에 가능한 것이다. 획득된 면역력의 도움으로 한 번 경험을 했던 병원체에는 좀 더 강력하고 빠르게 대처가 가능하다.

하지만 코로나19 상황으로 인해 그동안 아이들은 주로 집안에서 생활하면서 감기에 걸리지 않았고 후천적 면역력을 얻을 기회를 가지지 못했다. 물론 당장 아프지 않은 것은 좋은 일이지만, 다양한 병원체를 접하고 그에 대한 면역 반응을 공부하여 앞으로 겪을 감염에 대해 대비할 기회 또한 없었던 것이다.

접촉이 사라지자 활동도 사라졌다

코로나19로 인해 대면의 기회가 줄어든 지금, 추가로 살펴볼 문제는 아이들의 체력이다. 우리나라뿐만 아니라 미국 등 전 세계 여러 국가에서는 건강 증진을 위해 적절한 신체 활동의 중요성을 강조하며 신체 활동 지침 등을 마련하고 있다. 특히 아동기의 신체 활동은 심폐 건강과 근육 및 뼈의 발달에 중요한 기초가 된다는 점에서 매우 중요하다. 아이들은 야외에서 마음껏 뛰어놀고 활동하면서 심폐 기능과 근력을 발달시키고 이렇게 발달시킨 힘은 다시 신체 활동을 유지할 수 있는 기초 체력이 되어 활동력을 높여주는 선순환이 일어나는 것이다.[2)]

하지만 꽤 오랜 기간 우리 아이들은 외부 활동이나 규칙적인 신체 활동을 하지 못했다. 처음 며칠, 몇 주 정도의 짧은 기간동안 아이의 활동량이 줄었을 때는 아마 남는 에너지를 다 소모하지 못해 고민이었을 것이다. 하지만 활동을 하지 못하는 기간이 몇 달 이상의 기간으로 늘어나면 오히려 체력은 마이너스가 된다.

우리가 운동을 처음 시작할 때를 생각해보면 이해하기 쉽다. 새해가 되어 운동에 대한 결심을 하고 오랜만에 헬스장에 갔을 때를 떠올려보자. 러닝머신에 올라 20분 이상 걷기도 힘에 부친다. 하지만 몇 달 동안 매일 꾸준히 운동을 하다 보면 그 시간이 점점 늘어나고 체력과 근력이 붙는 것이 느껴진다. 하지만 또 한두 달 운동을 쉬게 되면 꾸준히 운동할 때처럼 힘을 쓰기는 어려워질 것이다.

이처럼 근육이나 우리 몸의 에너지는 꾸준히 써야 강화되고 쓰지 않으면 퇴화된다. 한동안 온 몸의 근육과 에너지를 많이 쓰지 못했던 아이들 역시 다시 예전과 같은 활동을 시작하면 아무래도 힘에 부칠 수 있다. 같은 정도의 활동을 해도 예전보다 더 빨리 피곤해지거나 지치는 것이다. 체력이 뒷받침되어야 아이는 집중해서 학습이나 놀이를 할 수 있고, 여러 가지 경험을 통해 올바른 발달 과정을 거칠 수 있다.

면역력과 체력은 좌우의 날개

면역력과 체력은 사실 서로 떼려야 뗄 수 없는 관계다. 체력이 뒷받침되어야 몸이 피곤해지지 않으며 이런 좋은 컨디션이 유지되면 그 결과 면역력이 좋아진다. 면역력이 좋아서 질병으로 이환

되는 경우가 적으면 내 몸의 남는 에너지들이 많아지면서 체력도 좋아지는 것이다.

하지만 아이들은 그 동안 팬데믹을 겪으면서 체력도 면역력도 떨어지는 경험을 했다. 체력을 높이기 위한 적절한 활동량을 채우지 못했고, 후천적 면역력을 획득할 기회도 갖지 못했던 것이다. 앞으로 다시 일상생활로 돌아가게 되면서 체력과 면역력을 증진시킬 기회를 갖게 되겠지만, 그 과정에서 전보다 더 많은 시행착오를 겪게 될 것이고 부모는 이를 미리 대비하여야 한다.

놓친 성장기는 돌아오지 않는다

성장에는 골든타임이 있다

성인에게는 해당이 없지만 아이들은 그 시기에 꼭 해야 하는 과제가 있다. 바로 '성장'해야 한다는 것이다. 아이들은 출생 직후부터 2차 급성장기가 마무리되는 중·고등학생 때까지 15년에서 18년간 쉬지 않고 자란다. 요즘에는 부모뿐만 아니라 아이들도 외모, 특히 키에 대한 관심이 높다.

유치원 때는 잘 느끼지 못하더라도 초등학교 1학년이 되면 키 순서대로 줄을 서는 일이 생기면서 키가 작은 아이들이 벌써부터 스트레스를 받기도 한다. 그래서인지 키 성장에 대한 도움을 얻기 위해 아이들이 먼저 한의원 진료를 자청해서 오는 경우도 많다. 특히 이미 초경을 시작한 이후에 내원하는 여자아이의 경우 아무래도 키 성장을 할 수 있는 시간이 많이 남아있지 않을 확률이 높기에 지나간 시간을 매우 아쉬워한다.

이처럼 성장은 그 시기가 정해져 있는 것으로 아이들과 부모들에게 주어진 중요한 과제다. 따라서 소중한 성장기 동안 어떻게 해야 조금이라도 더 클 수 있을지 고민하는 부모가 많다. 이것저것 도움이 된다고 하는 영양제를 찾아 먹이기도 하고, TV 광고에 키 성장에 도움이 된다고 하는 건강 기능 식품이 나오면 눈길이 가서 후기를 검색해보곤 한다. 하지만 성장기에 무엇인가 더 먹이는 것보다는 성장에 나쁜 영향을 줄 수 있는 장애물을 없애는 것이 더욱 중요하다. 그리고 이것이 부모가 아이 성장을 도와줄 수 있는 더욱 쉽고 정확한 길이기도 하다.

한 번의 항생제 노출도 안 좋다

그렇다면 아이들의 성장에 나쁜 영향을 주는 것은 무엇일까? 아마 모든 부모가 그 답을 알고 있을 것이다. 바로 나쁜 식습관, 짧은 수면시간, 적은 활동량 등이다. 그런데 항생제 사용이 성장에 나쁜 영향을 준다는 것을 모르는 부모가 의외로 많다.

'네이처 커뮤니케이션즈(Nature Communications)'의 최근 연구에 따르면 신생아 시기에 항생제에 노출되는 것은 향후 6년간 아이의 성장에 좋지 않은 영향을 준다. 연구팀은 만삭아로 태어난 12,422명의 아이를 대상으로 신생아 혹은 유아기에 항생제를 사용하는 것이 장기적으로 성장에 어떤 영향을 주는지를 조사하였다.

그 결과 생후 한 달 이내에 항생제에 노출된 남자아이는 키와 체중의 증가가 현저하게 감소하는 것을 발견하였다. 이 차이는 항생제 사용 기간이 길었던 경우에 더 컸다. 해당 연구에서 생후 한 달 이내에 항생제를 사용한 아이의 수는 남아에서 더 많았고, 여아에서는 통계적으로 유의미한 변화가 나타나지 않았다.

이렇게 신생아 시기에 항생제에 노출된 경우 장내 미생물의 환경에서 큰 차이를 보였는데, 특히 장 건강에 중요한 비피더스균이 가장 영향을 많이 받았고 놀랍게도 생후 24개월까지 그 영향이 지속되었다. 이와는 대조적으로 신생아기를 지나 영유아기에 항생제를 사용하게 되면 남녀 모두에서 체질량지수(BMI)의 증가가 나타났다.[3] 이것에 대해서는 앞선 다른 연구들이 많이 있는데 그중 하나인 국제비만학회지에 실린 논문을 보면 항생제에 노출된 아이들의 만 3세부터 18세까지의 체질량지수 곡선을 분석한 결과, 항생제 사용은 초기 몇 년뿐만 아니라 어린 시절 내내 체중 증가에 영향을 줄 수 있다고 하였다.[4]

이처럼 이른 시기의 항생제 노출은 키 성장과 체중 증가를 방해하기도 하고, 반대로 비만을 초래하기도 한다. 물론 항생제 사용이 필요한 경우에는 당연히 약을 복용하고 치료를 받는 것이 필수적이다. 그렇지만 아이 성장기의 한 번의 선택이 생각보다 오래도록 크게 영향을 줄 수 있다는 사실을 알아야 한다.

코로나19는 가장 큰 성장의 방해 요인

성장기에 있는 아이의 하루는 어른의 하루와는 그 의미가 조금 다르다고 할 수 있다. 출생 시 아이의 평균 키는 약 50cm 정도이지만 1년이 지난 돌 무렵에는 약 75cm 정도가 된다. 1년이라는 시간 동안 태어났을 때 키의 절반 정도인 25cm가 자라는 것이다. 이 키가 2배가 되는 데까지는 불과 4년밖에 걸리지 않는다.

아이들은 단순히 키만 성장하는 것이 아니다. 심장, 폐를 비롯하여 소화기관과 비뇨생식기관까지 모든 신체 부분 역시 성장해야 한다. 아이들은 아직 내부 장기의 크기가 작을 뿐만 아니라 기능 또한 미숙하다. 따라서 이것을 끊임없이 성장시키고 기능을 발달시키는 과정을 거쳐야 한다. 이를 위해서는 충분한 영양분을 섭취하면서 적당한 활동으로 신진대사를 활발히 하고 근골격계를 성장시키는 것이 필요하다. 아이들이 먹고, 걷고, 말하고, 배변 활동을 하는 모든 것은 성장과 발달을 위한 연습이다. 이것은 정해진 시기가 있고 그 시기를 놓치면 다시 되돌릴 수 있는 방법이 없다.

이렇게 성장하는 하루하루가 소중함에도 불구하고 코로나19라는 어쩔 수 없는 외부 상황으로 인해 우리 아이들은 지난 1년 동안 많은 것을 놓칠 수밖에 없었다. 2021년 1월 가톨릭대학교 의과대학에서 발표한 연구에 따르면, 2020년 3월에서 8월 사이에 우리나라 4~14세 아동 226명의 변화를 관찰한 결과 과체중이거나 비만인 아이의 비율이 23.9%에서 31.4%로 늘었다.

특히 이전에 정상 체중에 속했던 아이의 체질량지수(BMI)가 크게 증가했으며 정상 체중 어린이의 거의 10%가 과체중 또는 비만의 범주로 이동했다. 더불어서 아이들의 뼈 건강과 키 성장에 중요한 영양 성분인 비타민D의 혈중 농도는 이전과 비교해서 낮아졌다.[5] 이는 사회적 거리두기와 휴교로 인해 활동량이 저하되고 햇빛에 노출되는 외부 활동이 감소하여 생긴 결과일 것이다.

따라잡기 성장이 필요하다

출생 시 저체중아나 미숙아였던 아이들은 두 돌까지 따라잡기 성장이라는 것을 한다. 꼭 이 시기가 아니더라도 특정 질환이 있어 한동안 자라지 못했던 아이들은 성장 부진의 원인이 제거되고 나면 급속도로 성장하여 또래 아이들과 비슷하게 체중이나 키를 유지하게 되는데 이것 역시 따라잡기 성장이다. 아이들은 아플 때 성장을 잠깐 멈추고 대신 질환에 대한 회복에 힘을 쏟게 된다. 그러다가 질환이 낫고 나면 그 동안 하지 못했던 성장을 급속도로 해내는 것이다. 이 때문에 종종 아이가 감기에 걸렸다가 낫고 나면 아프고 나니 뭔가 모르게 쑥 자란 것 같은 느낌을 받는 것이다.

팬데믹 상황에서 아이들이 아팠던 것은 아니지만, 성장에 온 힘을 다 쏟을 수 있는 좋은 환경을 갖기에는 한계가 있었다. 위드 코로나 시대를 준비하는 지금, 아이들이 원활히 '따라잡기 성장'을 할 수 있도록 부모가 온 힘을 다해 도와야 할 때가 온 것이다.

건강한 신체에는 건강한 정신이 깃든다

배가 아픈 건 스트레스 때문

2020년 봄에 코로나19 확산이 시작되고 2~3개월 정도가 지난 초여름부터 한의원에도 스트레스로 인한 증상으로 내원하는 아이들이 점점 늘어나기 시작했다. 그중 한 아이는 잦은 두통과 복통을 호소하고 있었다. 거의 매일 밤마다 배가 아프다며 울고 저녁밥을 먹고 나면 속이 좋지 않아 토할 것 같다고 하거나 머리가 아프다고 했다. 그 아이의 성장 상태와 현재 상황에 대해 점검을 하고 어머니와 상담을 이어가고 있는데 "아이의 증상이 스트레스 때문인가요?" 하고 물어보셨다. 그 아이는 특별한 신체적 이상이 없는데도 수개월 이상 반복적으로 복통을 호소하는 기능성 복통에 해당했고, 이 기능성 복통의 대표적인 원인은 스트레스를 비롯한 정서적 자극이다.

설명을 들은 어머니는 아이가 최근 스트레스를 받은 것이 자신 때문일 것이라고 말씀하셨다. 어머니는 워킹맘으로 코로나19 시국에 오히려 회사 일이 훨씬 더 많아지고 바빠졌다고 했다. 정신없이 일을 하고 집에 들어와 아이들을 돌보고 나면 항상 시간이 모자라 남은 업무를 처리하느라 밤을 새운 적도 여러 번이라고 하셨다.

그런 일이 반복되다 보니 피로는 점차 누적되어갔고 그래서 그런지 신경이 많이 예민해져서 아이의 작은 실수에도 화가 나면서 버럭 소리를 지르는 일이 많았다고 했다. 자신도 이 상황이 이해되지 않지만 아이의 지나가는 말, 눈빛, 행동에서 괜히 짜증이 치밀어 오르고 감정을 다스리기가 어려워서 아이에게 큰 소리를 내는 일이 많았고 이후로 아이가 점점 어머니의 눈치를 보는 것이 느껴지면서 배가 아프다는 얘기를 자주 했던 것 같다고 하셨다.

어머니는 아이가 아픈 것이 자신 때문인 것 같다고 자책했지만, 사실 우리는 누구나 피곤하면 신경이 날카롭고 예민해진다. 밤에 잠을 제대로 자지 못해 비몽사몽한 와중에 정신적으로 여유가 흘러넘치는 사람은 별로 없을 것이다. 내 컨디션이 좋을 때는 아이가 "왜?", "이게 뭐야?"를 수십번 반복해도 정성껏 답을 해줄 힘이 있지만, 내 몸이 힘들고 피곤할 때는 괜히 같은 말을 반복하는 아이에게 화가 나거나 짜증이 나기도 한다.

이처럼 신체적 컨디션과 정서적 상태는 서로 영향을 주고받는다. 이 부분에 관해서는 정말 많은 연구가 이루어져있다. 유니버시티 칼리지 런던(University College London)의 아론 칸돌라(Aron Kandola) 박사는 연구를 통해 심폐 능력이 낮으면 우울증이나 불안의 확률이 높고, 심폐 능력과 악력(握力)이 가장 낮은 집단에서 더 높은 우울, 불안 그리고 일반적인 정신 장애의 확률을 보인다는 것을 밝혔다. 체력을 측정할 수 있는 객관적인 지표인 심폐능력과 악력으로 조사했더니, 체력이 좋지 못할수록 정신적인 문제가 생길 확률이 높았던 것이다.[6)]

스트레스는 면역력을 갉아먹는다

아이들의 체력과 정신건강은 면역력과도 상호 영향을 준다. 체력이 떨어져서 피곤하면 정서적인 자극이나 스트레스에 취약하게 되고, 스트레스를 지속적으로 받으면 면역력의 균형이 깨진다.

면역학 학술지에 실린 논문을 보면 어린이의 심리적 스트레스는 여러 면역 질환과 관련이 있다. 스트레스 지수가 높은 아이는 자발적인 면역 활동이 낮았고, 2004년에 이루어진 대규모 메타분석 연구에 따르면 정신적인 스트레스는 면역체계의 억제와 염증성 장질환(IBD), 알레르기 질환, 아토피 피부염, 셀리악병(celiac disease)과 같은 수많은 면역 질환과 관련이 있었다.[7)]

최근 한의원에서는 심박변이도(HRV) 검사를 많이 활용하고 있다. HRV는 순간적인 심박동의 주기로부터 다음 심장 주기 사이의 미세한 변이를 의미하는 것으로 심박동의 역동적 변화와 복잡성을 측정하여 끊임없이 변화하는 환경에 대한 체내 적응 능력을 알 수 있는 검사다. 이러한 심박의 변화 정도를 이용하여 신체에 가해지는 스트레스 지수와 정신적으로 받고 있는 스트레스 정도 또한 추정해볼 수 있다.[8] 앞서 소개한, 배가 아팠던 아이는 역시 HRV 검사상 정신적 스트레스 점수가 높았고 스트레스 대처 능력은 떨어져 있었다. 스트레스 대처 능력이 낮다는 것은 신체적 혹은 정신적인 변화가 생겼을 때 이에 대응하고 다시 본래의 상태로 돌아가려고 하는 힘이 약한 것이다. 이 상태가 지속되면 아이는 조금만 무리하거나 정서적인 자극을 받아도 쉽게 몸에서 불편감을 느낄 수 있고 더 장기화되면 면역력이 떨어져 감기에 자주 걸리거나 스트레스성 두통·복통 등의 질환으로 이어질 수 있다.

스트레스는 조기 발견이 필수다

'스트레스는 만병의 근원'이라는 말은 아이에게도 어른에게도 모두 공통된다. 그렇지만 코로나19 상황으로 인한 스트레스, 공포, 불확실성 등은 성인보다 아이들에게 훨씬 더 강한 영향을 미친다. 아이들은 감정에 대한 대처가 서투른 탓에 어른보다 더 힘든 시간을 보낼 수 있다. 특히 영유아기의 아이들은 태어나서 가장 중요한 발달을 이뤄야 하는 시기에 큰 시대적 변화를 겪었다.

미국 소아과학회(AAP)는 공중보건 비상사태로 시작됐던 코로나19 상황이 어린이와 청소년에게 정신건강 위기로 발전했다고 지적했다.[9] 아이들은 친구를 사귀고 사람과의 상호작용 방식을 배워야 하는 중요한 시기를 놓쳤다. 다시 마스크 없이 일상생활이 가능해질 때 아이들은 새로운 사회의 의사소통 방식에 적응하기 위한 고군분투가 이어질 것이다. 따라서 아이가 아플 때, 혹은 평소와 다른 행동이나 패턴을 보일 때 이것이 몸이 아파서인지 혹은 정신적 스트레스로 인해 마음이 불편한 것인지를 살펴볼 필요가 있다. 간혹 부모님들 중에 이렇게 어린아이에게 무슨 스트레스가 있겠냐고 하시면서 그 중요성을 간과하시는 경우가 있다. 그러나 아이의 정서적 문제는 성인에 비해 아이가 스스로 자각하기 어렵기 때문에 주 양육자가 먼저 세심하게 살피는 것이 필요하다.

아이가 받는 정서적인 자극은 신경 써서 살피기만 하면 어렵지 않게 눈치 챌 수 있다. 만약 아이가 평소에 비해 지나치게 불안해하고 걱정이 늘었다고 느껴지거나 갑자기 등원이나 식사, 놀이 등 특정 활동을 거부하는 것이 보인다면 주의를 기울여야 한다. 특히 아이는 환경 변화가 있을 때 적응하기를 어려워하므로 이사를 하거나 어린이집에서 유치원으로 기관이 바뀌거나 동생이 태어났을 때는 미리 대비를 하는 것이 좋다.

그리고 만약 아이가 이러한 변화를 보인다면, 마음을 공감해주는 것이 가장 먼저다. 아이에게 어떤 정서적 자극이 있을지를 미리 알아채주고, 긴장된 마음을 공감하고 다독여주어야 한다. 그리고 아이의 스트레스 반응이 4주 이상 지속된다면 진료를 받아보는 것이 좋다. 간단한 문진이나 앞서 언급한 HRV 검사를 하거나 혹은 아이의 전반적인 심리상태에 대한 검사를 받아보면 아이의 마음을 이해하고 대처하는 데 많은 도움을 받을 수 있을 것이다.

면역력과 심리적 방어력
둘 다 필요하다

2020년은 우리 모두에게서 '순삭'

'순삭'이라는 말은 '순식간에 삭제됨'을 줄인 말로 어떤 것이 매우 빠르게 사라지는 것을 뜻한다. 말 그대로 2020년은 전 세계인들에게 '순삭'되었다. 집과 직장만 왔다 갔다 하다 보니 시간이 어떻게 지나갔는지도 모르겠고, 그 시간 동안 전부 언급하기도 어려운 수많은 변화들이 정신없이 생겨나면서 더욱 시간이 빠르게 지나간 것 같다. 아마 중·고등학교 수업 시간에 들었던 '산업혁명'처럼 인류 역사에 큰 획을 그은 시간이 아니었나 싶다.

처음에 불편하고 거추장스러웠던 마스크가 이제는 내 몸처럼 익숙해졌다. 지인 중에는 마스크를 착용하는 것이 이제는 오히려 더 편하다는 사람도 있다. 나조차도 요즘에는 엘리베이터 안에서 누군가와 너무 가깝게 서게 되면 약간의 불쾌감이 생길 때가 있다. 같은 아파트 주민들과 예전에는 엘리베이터에서 만나면 가볍게 인사를 나누곤 했는데 지금은 혹시 민폐가 될까 봐 조심스럽다. 기침 예절, 사회적 거리두기에 이어 이제는 줌을 통한 화상회의나 세미나에 필요한 새로운 에티켓을 익히고 있다.

아이들이 얻지 못한 것들

아이들도 마찬가지다. 처음에는 마스크 착용이 불편하다며 울고 힘들어하던 아이들이 이제는 진료 중에도 마스크 벗는 것을 불편해한다. 호흡기 증상으로 내원한 아이들은 코와 목의 진찰을 위해 마스크를 잠깐 벗게 하는데, 이때 많은 아이가 쉽게 마스크를 내리지 못한다. 마스크를 코 밑까지 겨우 내린 뒤 어머니의 눈치를 한 번 보고 어머니가 괜찮다고 허락해야 그제야 마스크를 내린다.

아이들 중에는 마스크를 내리자마자 얼른 숨을 참거나 "마스크를 빼면 코로나19 걸리는 것 아니에요?"라고 하면서 서둘러 다시 착용하는 경우도 많다. 이런 아이들의 불안은 아마도 스스로 잘 이해할 수 없는 질환에 대한 막연한 공포심과 억압된 환경에서 올 것이다. 그간 아이들의 안전을 위해 어쩔 수 없이 아이의 활동폭을 좁혔고 평소보다 먹는 것, 활동하는 것에 있어 부모의 통제력이 커질 수밖에 없었다. 그리고 이것저것 걱정되는 마음에 코로나19 이전보다 아이에게 "안돼"라는 말을 할 일이 많았을 것이다.

이런 환경에 적응한 아이들은 무언가를 처음 시도하거나 평소와 다른 행동을 할 때 혹은 평상시에도 기본적인 불안감이 높아지게 된다. 자율성을 쌓아야 하는 시기에 그것을 충분히 발달시킬 수 있는 기회가 적어진 결과라고 볼 수 있다. 또 한참 친구를 사귀고 주도성과 사회성을 익혀야 하는 시기의 아이들은 그 소중한 경험을 얻지 못했다.

일반적으로 아이들은 만 3세까지는 어머니와 나, 혹은 어머니, 아버지와 나 정도의 삼각 구도 중심으로 관계를 형성한다. 이러한 가족 위주의 관계가 안정되면 만 4세 무렵부터 친구라는 새로운 관계를 발달시키기 시작하고 5~6세가 되면 본격적으로 또래 친구들과의 관계를 쌓으면서 많은 것을 배우고 경험한다. 그동안에도 아이들은 평소보다는 조금 적더라도 단체생활을 하거나 대인 관계를 맺는 기회를 가지기는 했지만, 코로나19 이전보다는 확실히 그 기회가 적었던 것이 사실이다.

뿐만 아니라 사회성을 키우고 친구를 만날 수 있는 많지 않은 기회에도 늘 마스크를 착용하고 있어야 했다. 아이들은 다른 사람의 표정을 보고 기분을 짐작하고 자신의 반응을 조절하는 과정을 배워나가는 단계에 있다. 그러나 마스크 뒤에 가려진 얼굴을 보지 못하면서 당연히 정서 발달을 이루는데 예전과는 다른 어려움을 겪었을 것이다. 또한 여러 저널에서 마스크 사용으로 인해 아이들의 언어 발달 및 의사소통이 늦어질 수 있으며 이에 대한 대책이 필요하다는 우려를 표하고 있다.[10]

아이들은 순서에 따라 발달을 진행하고, 한 단계를 밟지 못하면 다음 단계로 나아가는데 더 많은 노력이 필요할 수 있다. 지금과 같은 상황에 나중에 아이의 발달과 정서에 어떤 영향을 줄지는 아직 미지수다. 우리는 아직 이와 같은 경험을 해보지 못했기에 그 결과를 다 예상할 수 없지만 아이들이 이미 그 영향을 받고 있다는 것은 명확한 사실이라고 보고 그에 대한 대비를 해야 한다.

빨라진 감염병의 유행주기에 주목하자

많은 학자가 지적하고 있듯이 신종 감염병의 유행 주기가 점점 짧아지고 있다. 최근 20년 사이 많은 국민들이 걱정했던 감염병만 해도 2002년 사스(SARS, 중증급성호흡기증후군) 이후로 신종플루(H1N1), 조류인플루엔자(H7N9), 에볼라바이러스(Ebola virus), 메르스(MERS, 중동호흡기증후군), 지카바이러스(Zika virus) 등으로 이전보다 발생 빈도가 높아졌을 뿐만 아니라 우리의 삶에 가까이 다가왔다.

이러한 신종 전염병이 두려운 이유는 감염되었을 때 증상이 어떻게 진행되어갈지, 치료법은 무엇이고 예방법은 무엇인지 아직 잘 모르기 때문이다. 독감(인플루엔자) 같은 경우는 매년 겨울마다 유행을 반복하고 독감으로 인해 사망하는 사람도 한해 수천 명에 이르지만 겨울에 독감이 유행한다고 해서 우리가 외출을 중단하거나 모임이나 집합 제한을 하지는 않는다. 독감에 감염되었을 때 증상이 어떻게 진행될지를 알고 있고 적절한 치료법과 대응책이 마련되어있기 때문이다.

앞으로 신종 감염병은 지속적으로 발생하고 우리에게 영향을 줄 것이다. 2015년 우리를 공포에 떨게 했던 메르스는 중동에서 발생했고, 우리는 낙타와 접촉한 적도 없었지만 우리나라도 전혀 안전지대가 아니었다. 코로나19 역시 중국의 우한(武漢)에서 시작되었지만 전 세계를 휩쓸고 있다. 이처럼 지구 반대편에서 발생한 신종 감염병이 내 아이의 건강을 위협할 일이 반복적으로 발생할 수도 있다는 것이다. 그때마다 아이의 건강에 무엇이 좋을지 인터넷 검색을 하고 있을 수는 없는 노릇이다.

이미 닥쳐온 변화에 적응하는 힘은 체력과 면역력

이제는 아이를 둘러싼 모든 환경이 변화했다. 이것은 아이의 건강에 관련된 것뿐만 아니라 아이의 심리와 성장 발달, 학습에 이르기까지 모든 분야에 해당한다. 그리고 앞으로 더 많이 달라질 것이라는 사실을 우리 모두 알고 있지만 앞으로 정확히 어떻게 될지를 모두 아는 사람은 없다. 이럴 때일수록 우리 아이 건강의 기초가 될 체력(방어력)과 면역력을 다져두는 것이 중요하다.

빙판 위에서 다양하고 멋진 기술을 선보이는 김연아 선수를 비롯하여 성공한 운동선수들은 항상 기초 체력 훈련의 중요성을 말한다. 어떤 새로운 운동 기술이나 전략을 쓰려면 그것을 익히고 제대로 활용할 수 있는 기초 체력이 뒷받침되어야 한다. 아이의 언어 능력을 키우기 위해서는 어릴 때부터 책을 많이 읽어 기초적인 문해력과 어휘력을 탄탄하게 쌓아야 한다는 것을 누구나 알고 있다.

앞으로 다가올 어떠한 변화에도 아이가 적응하고 올바른 성장을 이루어나갈 힘은 다른 것이 아니라 아이를 지켜주는 체력, 면역력이다.

코로나19로 인해 파생된 사회적·심리적 변화에 대한 대비도 마찬가지다. 아이들이 소중한 여러 기회를 잃어버림으로써 앞으로 아이들의 정신건강에 어떤 영향을 줄지는 아직 단정하기 어렵지만, 아이들이 그 이전 세대에 비해 고립되어 있다는 것은 사실이다. 이럴 때일수록 부모는 아이의 심리적 방어력을 높이는 것에도 관심을 기울여야 한다.

탄탄하게 확보된 기초 면역력으로 아이는 어떠한 신체적·정신적 변화에도 적응하고 앞으로 나아가는 힘을 갖게 될 것이다. 이 필수적인 힘을 길러주는 것은 부모가 아이를 위해 해야 하는 가장 첫 번째 일이다. 불확실한 정보의 홍수 속에서도 흔들리지 않고 부모가 아이를 위해 직접 면역력을 케어하는 것이야말로 '코로나19 세대'라고 불리게 될 우리 아이를 위한 최고의 선물이 될 것이다.

2장

집에서 시작하고 마무리하는 면역력

스스로를 지키는 힘

"면역력 좀 높이려고요."

한의원에 내원한 부모들이 내게 가장 많이 하는 말 중 하나다. 면역력이 높아지면 감기도 안 걸리고, 알레르기 질환도 원활하게 조절될 뿐만 아니라 그 결과 체중도 늘고 키도 클 거라 기대한다. 이 모든 희망이 한 마디 말 안에 담겨있는 것이다.

인터넷을 조금만 찾아봐도 면역력을 높이는 데 도움이 된다는 제품의 광고가 수도 없이 나온다. 방송에서도 면역력을 높이는 운동, 향초, 음식, 생활습관 등 면역력에 대한 내용을 많이 다룬다. 우리 몸의 면역 반응에는 1,600개 이상의 유전자가 관여한다고 하는데,[11] 이렇게 복잡하고 측정할 수도 없고 실체도 없는 면역력이 도대체 뭐길래 다들 면역력을 높이려고 할까?

우리 몸속의 저항군

우선 표준국어대사전에서 찾아보면 면역력은 '외부에서 들어온 병원균에 저항하는 힘'이라고 정의되어 있다. 이처럼 외부에서 들어오는 병원균, 즉 감기와 같은 감염성 질환으로부터 아이를 보호할 수 있는 힘이기 때문에 많은 부모가 아이의 면역력을 높이려고 하는 것이다.

사람은 세균, 바이러스와 같은 감염원으로부터 스스로를 보호하기 위해 출생 직후 신생아 시기부터 부지런히 면역 세포를 만들어낸다. 하지만 아직은 성인에 비해 그 기능이 미숙하고 면역 세포의 양도 많이 부족하다. 출생 직후의 태아는 어머니의 몸에서 받은 면역 글로불린(immuno globulin)이 있어 이것으로 1차 방어막을 형성하지만, 이는 시간이 지나면서 점차 감소한다. 대신 차근차근 면역 세포를 만들어내고 훈련시키는데, 첫 돌쯤이 되면 면역 글로불린의 수준이 성인의 50% 정도가 되고, 각각 면역 세포의 종류마다 시기의 차이는 있지만 만 6세 정도가 되면 성인 수준으로 올라온다. 따라서 아이들이 초등학교에 입학할 나이쯤 되면 어릴 때보다는 감기 횟수가 줄어드는 경우가 많다.

아이가 성장하면서 면역 세포의 양뿐만 아니라 질적인 성숙 또한 함께 이루어진다. 바로 면역학적인 기억을 만들어 방어력을 정교화하는 것이다. 경찰이 범인을 잡는 과정으로 비유하면, 한 명의 범인을 잡기 위해 전 국민을 일일이 조사하는 것보다 전과자들의 기록을 활용하여 이번 사건과 비슷한 이력이 있는 용의자를 찾으면 훨씬 빠르게 범인을 검거할 수 있을 것이다. 이와 유사하게 우리 신체의 면역 세포는 한 번 감염이 일어났던 감염원은 기록을 해두고 다음에 다시 재감염되었을 때 그것을 활용하는 능력을 훈련한다. 이 능력은 성인이 될수록 점점 발달하며 노년기까지 지속되기도 하고 중간에 사라지기도 한다.[12)]

면역력은 높을수록 좋은 걸까?

그렇다면 면역력을 높이고 성숙시키는 것은 이롭기만 한 것일까? 그렇지는 않다. 요즘 아이들이 많이 고생하는 알레르기 질환은 대표적인 면역 과잉 질환이다. 인체에 해를 끼치지 않는 물질에도 과잉하게 면역 대응을 하여 염증 반응을 일으키는 것으로 면역 체계가 오작동을 일으킨 결과로 볼 수 있다. 따라서 우리가 흔히 생각하는 '면역력'이라고 하는 것은 너무 낮지도 높지도 않은 적정선을 유지하는 것이 무엇보다 중요하다.

이렇게 균형을 딱 맞출 수 있다면 좋겠지만, 면역력은 눈에 보이지도 않고 수치로 측정하기도 어렵다. 또 면역을 적정선에서 조절하는 과정은 굉장히 복잡하고 정교한 기전을 가지고 있으며 사실 인체 내에서 아직 다 밝혀지지 않은 미지의 영역 중 하나다. 하지만 면역력이라는 것은 우리 신체 내에서 작동하는, 분명히 존재하는 힘이다.

심력(心力)이라는 말이 있다. 그대로 해석하면 마음의 힘이라는 뜻인데 이 또한 실체가 있거나 확인할 수 있는 종류의 것이 아니다. 하지만 심력은 사람마다 다르게 분명 존재한다. 흔히 심지가 단단하고 이런저런 변화에 흔들리지 않고 굳건히 본인의 중심을 잘 세우고 나아가는 사람에게 심력이 있다고 표현한다.

면역력도 비슷한 범주에서 면역의 힘, 즉 급격한 환경의 변화나 외부 자극으로부터 내 몸을 지키는 힘이다. 앞서 신체의 면역 시스템과 면역 세포에 대한 설명을 했지만 결국 우리에게 중요한 것은 우리 아이가 아프지 않고 건강한 것이다. 따라서 '면역력을 높인다'는 것의 의미는 우리 몸의 면역체계를 너무 부족하지도 과잉하지도 않은 적절한 수준으로 유지할 수 있는 몸의 컨디션, 건강 상태를 유지하고 싶다는 말일 것이다. 그 결과 아이가 신체적·정서적 성장에 방해받지 않고 건강하게 자라주었으면 하는 부모의 바람이 동시에 담겨있기도 하다.

면역력은 한두 가지 면역력에 좋은 음식을 먹거나 며칠 푹 쉰다고 해서 완성되는 것은 아니다. 장기적으로 아이의 신체가 스스로 면역체계를 적절하게 작동시킬 수 있도록 신체적·정서적으로 좋은 컨디션을 유지하게 도와야 한다. 이것이 아이를 감염원과 각종 질병으로부터 지켜주는 힘이며, 올바른 성장을 돕는 원동력임과 동시에 아이의 마음을 단단하게 지켜주는 울타리가 될 것이다. 따라서 집에서부터 차근차근 면역력을 관리해나가야 하는 것이다.

면역력에 켜진
빨간 신호등

몸의 일기예보를 바로 알자

언젠가 즐겨보는 예능 프로그램에 기상청 예보관이 출연한 것을 본 적이 있다. 그분의 인터뷰를 보다 보니 매일 아침 일기예보를 확인하는 습관을 가지고 있으면서도 그 중요성에 대해 무지한 부분이 많았다는 생각이 들었다. 도시에 살면서 주로 실내에서 활동하는 일을 하는 나로서는 일기예보의 중요성이라고 하는 것이 그저 이번 주에 옷을 따뜻하게 입어야 할지 좀 더 가볍게 입어도 될지를 결정하거나 혹은 다음 날 아침 출근할 때 우산을 가지고 가야 할지 확인하는 정도였다.

하지만 기상청의 일기예보는 아주 많은 사람의 생업과 여러 신업에도 영향을 주는 것이었다. 당장 날씨의 영향을 많이 받는 농업의 경우에는 태풍 예보 등 자연 재해 정보가 한 해의 수확에 큰 영향을 주는 중요한 정보일 것이다. 혹은 대규모 행사를 준비하거나 물건을 생산해서 그것을 해외로 유통하는 일을 한다면 주요 일정을 결정해야 할 때 정확한 기상정보를 아는 것이 그 사람의 경쟁력을 높일 것이다. 그리고 더 장기적으로는 10년 뒤, 30년 뒤의 기후변화를 예측하고 이것이 우리 삶에 미칠 영향력을 파악하여 대비하는 것이 아마 국가가 해야 할 일일 것이다.

일기예보를 안다는 것은 내일 혹은 다음 주, 더 멀리는 10년 뒤의 상황을 예상한다는 것이다. 물론 그 일기예보가 모두 다 정확하지는 않을 것이고 그 사이에 여러 변수가 생길 것이다. 하지만 다음 주에 비가 온다는 소식을 알고 고장 난 우산 대신 새 우산을 준비해두거나 시설물을 단속하는 것과 그렇지 않는 것에는 차이가 날 것이다.

몸이 보내는 신호는 분명 있다

우리 아이들의 면역력에도 이런 일기예보 같은 장치가 있다면 좋을 것이다. 일기예보를 보는 것처럼 미리 아이 면역력의 상태를 파악하고 더 상황이 나빠지지 않도록 대비를 하는 것이다. 아이의 면역력이 이미 떨어지고 난 뒤에 그것을 다시 높이려면 더 많은 노력이 필요하다.

면역력이 떨어져 한 번 감염이 생기면 우리 몸은 그것에 대항하기 위해 면역 시스템을 사용하는데, 이때 방어를 위해서 신체의 면역 자원을 소진하게 된다. 한 번 쓴다고 면역 자원이 다 없어지는 것은 아니지만, 감염이 있는 동안이나 혹은 그 직후에는 면역 자원이 부족하여 새로운 감염이 생기기 쉽다. 따라서 한 번 감기에 걸리면 관리를 잘 해서 면역력 저하 상태가 이어지지 않도록 하는 것이 중요하다.

이런 이유에서 아이가 아프기 전에 면역력이 떨어진 신호를 알아채고 미리 관리를 해주는 것 역시 매우 중요하다. 아이는 면역력이 떨어졌다는 신호를 다방면으로 보낸다. 우리는 매일 일기예보를 확인하듯 그 신호를 확인하고 대비하기만 하면 되는 것이다.

스트레스를 많이 받고 짜증이 늘었다

신체적·정서적 컨디션은 생각보다 서로 매우 밀접하게 영향을 준다. 스트레스를 받으면 면역체계의 반응이 약화된다. 또한 신체 컨디션이 나쁘면 쉽게 짜증을 내고 칭얼거린다. 평소보다 어머니나 주양육자에게서 떨어지지 않으려고 하거나 무언가 마음대로 되지 않으면 쉽게 화를 낸다.

반복적으로 감염이 일어난다

미국 천식 및 면역학 아카데미(American Academy of Allergy Asthma & Immunology) 보고에 따르면 1년에 네 번 이상 항생제 치료가 필요한 감염이 발생한다면 면역 결핍의 징후로 볼 수 있다.[13] 아이들은 1년에 평균 6~10회 정도의 감기에 걸리는데, 이보다 더 자주 감기로 고생한다면 상대적으로 면역력이 저하된 상태로 볼 수 있다.

대변에 문제가 생긴다

장내미생물과 유산균이 얼마나 중요한지 익히 들어서 알고 있을 것이다. 연구에 따르면 면역체계의 거의 70%가 소화관에 존재한다.[14)] 따라서 설사나 변비 등 대변에 문제가 생기는 것은 면역체계의 손상을 의미할 수 있다. 2~4주 이상의 만성 설사 혹은 토끼똥 모양의 변비는 주의가 필요하다. 또 가스가 많이 차서 항상 배가 빵빵하거나 아이의 방귀 냄새가 이전과 다르게 매우 독해졌다면 이 또한 장내 환경의 빨간 신호등이다.

피부에 생긴 상처의 회복이 느려졌다

아이들이 넘어지거나 부딪혀서 상처가 생기는 일은 매우 흔하다. 이렇게 피부에 상처가 생기면 우리 몸은 상처 회복과 감염 방지를 위해 면역체계를 발동시킨다. 만약 면역력이 저하되어 있다면, 피부 재생이 느리거나 2차 감염이 생기기 쉬울 것이다.

이전보다 더 많이 피곤해한다

아이의 피곤함을 정량적으로 체크할 수 있는 방법은 없지만, 보통 피곤한 아이들은 아래와 같은 증상을 보인다.

- 자고 일어나도 아침에 계속 피곤해하거나 일어나는 것을 많이 힘들어한다.
- 하원·하교 이후에 졸려서 누워있으려고 하거나 조금 자고 일

어나야 회복된다.

- 낮잠을 자지 않던 아이가 낮잠을 자려고 하거나 낮잠 시간이 늘었다.
- 밖에 나가서 놀려고 하지 않고, 놀고 싶어 해서 나갔더라도 쉽게 지친다.
- 한 가지 일에 집중하는 시간이 줄었다.

피부가 예민해졌다

피부는 호흡기처럼 외부 자극에 대항하여 우리 몸을 감싸는 1차 장벽 중 하나다. 따라서 면역력에 문제가 생기면 감기에 걸리는 것처럼 피부 발진이나 감염, 혹은 알레르기 반응이 쉽게 생길 수 있다. 가려움, 건조증, 발적이 가장 흔한 피부 증상이고 이런 증상이 너무 자주 생긴다면 피부 면역력 저하를 의심할 수 있다.

관건은 세심히 자주 살피는 것

사실 이 신호들은 아주 일상적이고 사소해서 부모도 지나치기 쉬운 것들이다. 또 아이의 일상에서 매우 자주 일어나는 일이기도 하다. 아이가 한 번 피곤하다고 할 때마다, 한 번 동글동글한 토끼똥을 볼 때마다 신경을 바짝 곤두세우고 무엇이 잘못되었는지를 파악할 필요는 없다. 아이의 컨디션은 당연히 일정하지 않고 면역력 또한 어느 한 지점에 고정되어 있는 것이 아니라 시시각각 변하는 것이기 때문이다.

하지만 이 신호가 지속적으로 보인다면 부모가 면역력 저하의 흐름을 끊고 면역력 케어를 해주어야 한다. 아이는 성인과 달라서 자신의 상태를 정확히 파악하기 힘들다. 예컨대 성인은 최근 무리를 해서 입 주위에 수포나 구내염이 생기면 내 몸이 나에게 휴식이 필요하다고 신호를 보낸 것이라는 사실을 파악할 수 있다. 하지만 아이는 그냥 되는 대로 뛰어 놀다가 어느 날 갑자기 툭 감기에 걸려버린다. 따라서 아이의 몸이 보내는 신호를 미리 파악하는 것은 면역력 관리의 가장 첫 번째 단계임을 기억해야 한다.

마이너스가 되는
부분을 줄여라

환절기가 괴롭고 힘든 아이들

더운 여름이 지나고 찬 바람이 불기 시작하는 10월에 어머니와 함께 한 아이가 내원했다. 여섯 살이었던 아이는 3년 전 알레르기성 비염 진단을 받았고 봄·가을 환절기만 되면 끊이지 않는 재채기, 콧물, 코막힘으로 고생을 해왔다. 주로 잘 때 코막힘이 심했고 아침에 일어나면 목에 가래가 끼면서 기침을 여러 번 했다. 컨디션에 따라 그리고 복용하는 약에 따라 정도의 차이만 있을 뿐, 거의 환절기 내내 이 증상이 반복된다고 했다.

어머니는 몇 년간 지속되는 아이의 증상에 안 해본 것이 없다고 했다. 알레르기의 원인을 찾기 위해 혈액 검사를 했으나 별다른 원인을 찾지는 못했다. 그래도 도움이 될까 해서 분기별로 집안 대청소는 물론 매일 집안 청결에도 신경을 많이 쓰고, 침구류도 알레르기 예방이 된다는 것으로 바꾸고 자주 갈아줬다.

조금만 코를 훌쩍여도 바로 병원으로 가서 약을 처방받아왔고, 알레르기성 비염에 도움이 된다는 웬만한 건강기능식품이나 배도라지차, 작두콩차 등 안 먹인 것이 없었다. 생활환경 관리를 위해 고가의 공기청정기나 가습기를 구입한 것은 물론이다. 하지만 아이의 증상은 끊이지 않고 이어졌고 툭하면 축농증으로 항생제를 복용하기도 했다.

알레르기 질환의 특성상 생활 관리가 중요하기 때문에 그 부분에 대해 어머니와 많은 이야기를 나누었다. 어머니는 그동안 다방면으로 알레르기성 비염의 호전에 도움이 될 좋은 환경을 만들어 주기 위해 많은 노력을 기울였다. 그러면서도 아이에게 무엇을 더 해주어야 할지 고민이라고 하셨다. 하지만 아이의 증상은 의외의 곳에서 좋아졌다.

중요한 것은 적정 온도와 습도

아이들의 호흡기 질환은 적당한 실내 온도와 습도를 유지하는 것이 매우 중요하다. 여기서 많은 부모님이 힘들어하는 부분이 있는데, 그 적정 온도가 생각보다 서늘하다는 것이다.

적정 실내 온도는 하나로 정해져 있다기보다는 계절에 따라 실내외의 온도 차이가 5도 이상 나지 않도록 하는 것을 추천한다. 혹한의 추위가 있는 겨울에는 당연히 그 차이가 벌어질 수밖에 없지만, 일반적으로 겨울철은 20도 내외, 여름철은 26도 내외를 권장

한다. 예외적으로 여름철 수면 직전에는 20~22도 정도로 서늘하게 해주는 것이 숙면에 도움이 된다. 실내 온도를 22도 정도로 맞추려면 에어컨은 이보다 2~3도 높게 설정해야 한다. 자는 내내 에어컨을 틀어두면 새벽에는 체온이 떨어져 추워할 수 있으니 아이가 잠든 이후 2~3시간이 지나면 자동으로 에어컨이 꺼지도록 설정하는 것이 좋다.

한여름과 한겨울의 예외적인 상황을 제외하고는 실내외의 온도차이가 커지면 신체가 적응하기 어렵고 호흡기에 자극이 가기 쉽다. 그러나 많은 부모가 추우면 아이가 감기에 걸릴까 봐 온도를 낮추기가 겁이 난다고 하는 경우가 많다. 앞서 말한 알레르기성 비염을 가진 아이의 어머니도 추우면 코 증상이 더 나빠질까 봐 걱정되어 잘 때는 26도로 실내 온도를 맞췄다고 한다. 그리고 습도를 높이는 것이 좋다고 해서 가열식 가습기를 함께 쓰고 있었다.

가열식 가습기는 가습력이 다른 가습기에 비해 좋고 물을 끓여 수증기를 내보내는 방식이라 안전하다는 장점이 있지만, 뜨거운 수증기를 내뿜어 실내 온도를 높이기 때문에 아이들이 덥다고 느낄 수 있다. 그 아이 역시 자는 내내 더워하면서 이불을 걷어내고 조금 더 시원한 창문 쪽이나 맨바닥을 찾아다니면서 잔다고 했다. 이렇게 되면 오히려 기온이 떨어지는 새벽에는 찬바람이 들어 코 증상이 악화되기 쉽다. 또 처음에 잠이 들 때 더우면 땀을 많이 흘리기 쉬운데, 이렇게 흘린 땀이 천천히 식으면 새벽에 체온이 더 떨어져 감기에 걸리기도 쉬워진다.

조언에 따라 아이의 어머니는 실내 온도를 낮추고 가열식 가습기는 시간을 맞추어 조금씩 사용했다. 그리고 아이는 얇고 통풍이 잘되는 긴 옷을 입혀서 재웠더니 자는 동안 코막힘도 덜 하고 점점 아침에 일어나서 뱉는 가래의 양도 줄어들었다.

우리는 흔히 면역력을 높이기 위해서 혹은 건강 관리를 하기 위해서 무언가를 더 해야 한다고 생각한다. 좋은 영양제를 챙겨 먹거나 시간을 내서 운동을 하는 것처럼, 추가적인 활동을 하거나 비싼 건강 관리 기계를 사야 할 것 같다. 하지만 사실 그것보다 더 중요한 것은 지금 하고 있는 것 중에 과한 것을 줄이고 걷어내는 것이다. 주기적으로 술을 많이 마시는 사람이 간에 도움이 되는 영양제를 추가로 먹는 것보다 술을 끊는 것이 건강에 더 좋은 것과 마찬가지다.

땀 흘리지 않는 여름, 춥지 않은 겨울

온도 조절의 문제는 사실 많은 부모가 고민하는 어려운 문제 중 하나다. 아이들은 아무래도 체온 조절 능력이 떨어지기 때문에 급격한 온도 변화에 노출되거나 적정 온도를 잘 맞춰주지 않으면 호흡기 질환이 생기기 쉽다. 그렇기 때문에 아이에게 너무 춥지도, 덥지도 않은 환경을 만들어주려고 노력을 많이 하게 되는데, 이러한 노력이 너무 과해도 문제가 된다.

요즘 여름에는 거의 모든 실내 시설에서 에어컨을 틀어놓는다.

아이들은 여름에 등·하원할 때를 제외하면 집, 학교, 유치원 등에서 늘 시원한 에어컨 바람 밑에서 활동한다. 주말에도 에어컨이 틀어진 집에서 차량을 이용해 실내 활동이 가능한 키즈 카페나 수영장 등을 찾아가는 경우가 많아 더위에 바로 노출될 일이 별로 없다. 그러다 보니 여름에도 냉방병이 문제가 되고, 여름 감기를 달고 사는 아이들이 많다. 여름에 더운 야외에서 거의 활동을 하지 않다 보니 땀 흘릴 일이 별로 없고 오히려 차가운 에어컨 바람을 오래 쐐서 감기에 걸린다. 반대로 겨울에는 난방이 잘 되는 실내에서만 생활하니 추위를 경험할 일이 별로 없고 덥게 지낸다.

여름을 시원하게만, 겨울을 따뜻하게만 보내면 편리하긴 하지만 건강에는 별로 도움이 되지 않는다. 여름에 덥다고 찬 바람을 쐬면서 찬 음료나 아이스크림을 많이 먹게 되면 속이 차갑게 되어 설사나 배탈이 생기기 쉽고 호흡기 감염에도 취약해진다. 겨울에도 늘 따뜻하게만 지내다 보면 온도 변화에 적응하는 능력이 떨어지고 단 한 번의 노출에도 감기몸살이 생길 수 있다. 겨울철 따뜻한 실내에서 땀을 흘린 채로 밖에 나가게 되면 땀이 식으면서 금방 감기에 걸리기도 한다.

이처럼 아이가 감기에 걸릴까 봐 여름에는 더 시원하게, 겨울에는 더 따뜻하게 해주었던 것이 오히려 아이 스스로 온도 차이에 적응하는 것을 어렵게 하고 감기에 더 걸리기 쉬운 환경에 놓이게 하는 것이다. 아이가 아프지 않게 하기 위해 혹은 면역력을 위해 무엇을 더 해주면 좋을지를 고민하기에 앞서 지금 너무 당연한 것인데 놓치고 있는 것은 없는지 고민해야 한다. 즉 지금 우리 아이에게 너무 과잉이 되는 것은 없는지 찾는 것이 우선이다.

넘치지도 모자라지도 않는 것이 중요하다

하지만 늘 그렇듯이 적정선을 찾는 것은 어렵다. 너무 넘치지도 않고 모자라지도 않는 것이 어느 정도를 말하는 것인지 정답을 알기란 어렵다. 이는 모든 아이마다 건강 상태와 생활환경이 각기 다르기 때문이다. 우리 아이에게 맞는 적당한 지점이라는 것은 여러 시행착오를 거쳐 부모만이 알아낼 수 있는 것이다.

이때 잊지 말아야 할 것은 우리가 잊기 쉬운 기초적인 부분이 생각보다 중요하다는 점이다. 사계절의 순리대로 추울 때는 약간 춥게, 더울 때는 약간 덥게 적응하면서 생활하는 것이 자연스럽다. 아이들은 여름에 적당한 야외 활동을 하고 땀을 내주는 것이 체온 조절 능력을 키우고 노폐물을 배출한다는 점에서 이롭다. 누구나 알고 있는 부분이지만 너무 당연한 내용이라 간과하기 쉽다.

그러나 2020년에 우리는 경험했다. 손 씻기, 기침 예절 지키기, 아프면 집에 머무르기 등 당연하고 기초적이라 모두가 아는 사실이지만 너무 쉽고 간단해서 오히려 그 중요성을 잊고 있었던 기본 방역 수칙이 그동안 그렇게도 잡히지 않던 독감 유행을 조기에 끝내버렸다. 무언가 더 새롭고 좋은 것, 화려한 것을 해주려고 하기보다 지금 지속적으로 아이에게 마이너스가 되는 것을 찾고 기본으로 돌아가보자. 훨씬 더 쉽고 간편하지만 강력하게 아이의 면역력을 높일 수 있을 것이다.

TIP

실내 환기하기

실내 온도 조절뿐만 아니라 미세먼지가 매일의 일상이 된 지금은 환기하는 것 역시 큰 걱정거리다. 미세먼지가 있는 날에도 적절한 환기는 필수다. 특히 청소를 하거나 음식을 조리할 때는 꼭 환기를 하는 것이 좋다. 환기를 하지 않으면 공기청정기를 작동하더라도 이산화탄소와 유해물질이 실내에 쌓이면서 문제가 될 수 있다.

환기는 30분 정도 문을 활짝 열고 시행하고, 미세먼지 수치가 나쁜 날에는 5~10분 정도라도 하는 것이 좋다. 공기가 정체되는 저녁보다는 아침이나 오전 시간에 하는 것이 좋다. 아이가 있을 때에는 공간을 나누어 환기를 하고 환기가 끝나면 즉시 물걸레로 벽과 바닥, 가구 등을 닦아주어야 한다. 이때 분무기로 공기 중에 물을 한 번 뿌려준 뒤 바닥을 닦아주는 것이 좋다. 이렇게 한 공간의 환기가 끝나면 아이를 옮기고 다시 환기를 한다.

환기를 통해 실내 공기를 전체적으로 순환시켜야 실내에 정체되기 쉬운 공기 오염 물질로 인한 호흡기 질환이나 알레르기 질환을 예방할 수 있다. 공기청정기는 전체 실내 공기를 바꾸어줄 수는 없기 때문에 환기를 한 이후 보조적인 용도로 사용한다. 또 공기청정기에서는 차고 건조한 바람이 나오는 경우가 많으므로 아이가 잘 때는 작동시키지 않거나 머리맡에서 떨어진 곳에 위치하도록 한다.

주치의 같은
부모가 되자

우리 아이 건강도 맞춤으로

흔히 우리는 내 입맛에 딱 맞는 식당, 내 취향에 맞춰 제작하는 커스텀(custom) 등 나에게 꼭 맞는 무언가를 선호한다. 정형화되거나 공장에서 찍어낸 것이 아닌 내 취향, 내 몸, 내 상황에 맞는 특별한 하나를 선호하는 것은 어찌 보면 당연한 일이다. 최근에는 AI(인공지능)와 빅데이터를 이용하여 나에게 딱 맞는 옷을 추천해주거나 와인을 추천해주는 등의 서비스도 활성화되고 있는 추세다.

건강에서도 이와 같은 개별화가 더욱 중요하다. 한 사람의 건강 상태는 다른 사람과 같을 수 없고 또 식습관, 생활환경, 가족력 등 다양한 요인에 의해 영향을 받기 때문이다. 일반적으로 건강에 좋은 음식이라고 알려진 시금치, 브로콜리 등은 신장질환이 있는 사람에게는 칼륨 함량이 높아 권장하지 않는다. 또 사우나에서 땀을 많이 내고 나면 몸이 가벼워진다는 사람도 있지만 오히려 힘이 빠지고 어지러움을 느낀다는 사람도 있다. 이처럼 개인은 모두 특수한 개별성을 가지고 있기 때문에 다른 사람에게 좋은 것이 나에게는 좋지 않을 수 있다.

아이들도 마찬가지다. 일반적으로 아이들은 일교차가 크고 전반적인 날씨가 변하는 4월이나 10월 환절기에 가장 감기에 많이 걸린다. 그러나 6월 초여름마다 감기나 미열을 달고 있는 아이도 있고 1년 내내 감기에 걸리지 않다가 한겨울만 되면 독감으로 고생하는 아이도 있다. 아이마다 약한 부분과 강한 부분이 다르기 때문이다. 이러한 아이의 개별적인 특수성은 부모만이 파악할 수 있다. 아이가 감기에 걸리는 패턴, 컨디션이 나빠지는 패턴, 배탈이 나는 패턴 등 우리 아이에 대한 정보를 최대한 많이 알고 있어야 한다. 이 정보를 토대로 아이가 아프기 전에 미리 적극적으로 조치를 취하는 것이 중요하다. 아이를 평균 10~30분 정도 진료하는 의사가 알려줄 수 있는 부분이 아니라 아이와 가장 오랜 시간 함께하고 있는 부모가 파악해야만 하는 것이다. 의사는 부모가 알려주는 정보를 토대로 의학적인 판단을 도와줄 뿐이다.

반복해서 일어나는 건강 패턴

처음에는 아이의 건강 패턴이 무엇인지 감이 잘 오지 않을 수 있다. 하지만 곰곰이 생각해보면 체계적으로 정리해두지 않았을 뿐 부모는 이미 알고 있는 경우가 많다. 목욕을 오래 한 날에는 꼭 감기에 걸린다든지, 아이스크림을 먹고 자면 다음 날 감기에 걸린 적이 많다든지 등 여러 번 반복되었던 경험을 생각해보자.

만약에 평소에는 매일 일정한 시간에 낮잠을 잤는데 몇 번 시간이 애매해서, 아이가 안 자고 더 놀고 싶어 해서 3~4일 정도 연달아 낮잠을 못 자고 나면 그 주말에는 감기에 걸린다는 아이도 있다. 이런 경험들을 생각해보면 아이가 추위나 큰 온도 차이에 노출되었을 때 감기에 잘 걸리는지, 찬 음식을 먹었을 때 감기에 걸리는지 혹은 잠을 잘 못 자서 피곤할 때 감기몸살을 겪는지 일정한 패턴을 파악할 수 있을 것이다. 아이가 아프게 되는 패턴이 파악되면, 그것에 맞추어 미리 조치를 취할 수 있다. 추위에 약한 아이가 바람이 많이 불고 추운 날에 야외 활동을 해야 하는 일이 예정되어 있다면, 우선은 그 일정을 조절해볼 수 있을 것이다. 하지만 그럴 수 없는 일정이라면, 그날은 집에 돌아온 뒤에 바로 따뜻한 물로 목욕을 하고, 평소보다 옷도 두껍게 입히고, 따뜻한 물을 많이 마시고 일찍 자도록 한다. 아이가 감기에 걸리지 않기를 바라며 기다리는 것이 아니라 어머니가 먼저 주치의가 되어 적극적으로 아이의 건강 상태와 질환을 관리하는 것이다.

감기뿐만 아니라 소화기 질환도 마찬가지다. 삼겹살 구이를 먹은 날에는 배탈이 나고 설사를 하는 경우가 많다거나, 우유 1팩은 괜찮은데 2팩을 마시면 배앓이를 하는 등 먹는 것과 관련된 패턴이 많을 것이다. 혹은 늦잠을 자서 아침밥을 급하게 챙겨 먹고 유치원에 간 날에는 꼭 차에서 멀미를 하거나 심하면 구토를 할 수도 있다. 그렇다면 우유를 평소보다 많이 먹은 날은 배를 따뜻하게 해주고, 기름진 음식이나 찬 음식, 소화되기 어려운 음식은 더 이상 먹지 않도록 식단을 조절할 수 있을 것이다. 컨디션과 관련해서도 일정 패턴을 파악할 수 있다. 아이가 주말에 외출했는데 평소와는 다르게 조금 놀다가 앉아 있으려고 한다든지 어머니 옆에 붙어 있으려고 할 수 있다. 사실 아이들은 우선 밖에 나왔으니까 몸이 좋지 않아도 일단 정신없이 뛰어놀기 마련이다. 그러므로 활동하는 중에 평소와는 다른 모습을 보이는지 부모가 먼저 적극적으로 파악하고 대처해야 한다. 아이의 몸이 먼저 신호를 보냈는데도 늦게까지 활동을 하게 되면 그다음 주에 감기든 몸살이든 복통이든 아이는 아프기 쉽고 이것이 반복되면 면역력이 저하되는 것이다.

생활 패턴을 정확히 아는 게 우선이다

아이가 평소와 다른 신호를 보낼 때 알아채기 위해서는 아이의 건강 상태에 대한 정보를 많이 알고 있는 것이 선결 과제다. 그래야 이것이 정상 패턴인지 혹은 무언가 좋지 않을 때의 상태인지를 판단할 수 있을 것이다.

처음 아이가 이유식을 시작할 때, 돌 이전의 어린아이들은 식품 알레르기가 흔하기 때문에 이유식에 들어간 모든 재료와 이유식의 양을 기록하는 것이 일반적이다. 한 번에 한 가지 음식만 새롭게 시도해보고 그것에 대한 특이 반응이 일어나지 않는 것을 확인한 후 다른 새로운 식재료를 추가하는 것이 좋다. 이유식을 차근차근 기록하면서 진행하지 않는다면, 아이가 어느 날 알레르기 반응을 일으켰을 때 그 유발원이 무엇인지 찾기가 매우 어려울 것이다.

하지만 아이가 조금씩 커가면서 웬만큼 다양한 식재료를 접한 이후에는 세세하게 기록하지 않다가 언젠가부터 기록을 멈추게 되고, 뿐만 아니라 아이가 어릴 때는 소변 횟수, 대변 횟수 및 양상을 세세히 파악하던 부모도 기저귀를 떼고 나면 점차 대변을 어제 봤는지 오늘 봤는지 헷갈리기 시작한다. 물론 모든 것에서 부모의 도움을 받아야 하는 신생아 시기처럼 일일이 파악하라고 권장하는 것은 아니다. 다만 우리 아이의 가장 기본적인 신호인 먹고, 자고, 배뇨·배변하고, 활동하는 패턴 정도는 알고 있는 것이 좋다. 이를 위해서는 매일 간단한 기록을 남기는 것을 추천한다.

이 기록은 거르지 않고 꾸준히 해야 하기 때문에 부모에게도 부담되지 않을 정도로 간단하게 시작하는 것이 좋다. 처음부터 아이의 모든 것을 기록하려고 하면 오히려 끝까지 해내기 힘들다. 하루 종일 아이가 먹은 대략적인 식사와 간식, 낮잠을 포함한 수면 시간, 활동량과 배변 패턴 등을 기록하는 것으로 충분하다. 글로 쓰는 것이 힘들면 간단히 사진을 찍어두는 것도 좋다. 이렇게 쌓인 기록은 우리 아이 면역력에 강력한 무기가 될 것이다. 평소와 다른 패턴으로 아이 면역력에 빨간 불이 켜졌다고 판단되면, 최근의 기록을 다시 살펴보며 무엇이 영향을 주었을지 살펴보고 그것을 조절해줄 수 있기 때문이다.

기록하는 순간 바뀐다

나는 평소 진료를 보고 함께 건강 관리를 하는 아이들에게 중간에 증상 변화가 생기면 한의원으로 전화를 달라고 하는데, 이때 자주 듣는 증상 중 하나가 설사다. 아이가 갑자기 무른 변을 보거나 물설사를 한다는 것이다. 그러면 항상 설사가 시작하기 전날과 당일에 평소와 다르게 먹은 것은 없는지 다녀온 곳은 없는지 물어보는데, 대부분의 부모님들은 평소와 똑같았고 안 먹던 것을 먹은 일은 없다고 이야기한다. 그러면 아이의 발열 여부, 컨디션 상태, 복통과 구토 등 동반 증상을 확인하고 어떻게 관리하면 좋을지 여러 가능성을 열어두고 상담을 하는데 원인 파악이 어려우니 당연히 어머니도 아이를 어떻게 케어해야 할지 불안하고 막막하다.

다행히 아이의 증상이 좋아져 다시 내원을 하게 되면, 그제서야 "생각해보니 지난주에 남편이 망고를 많이 사와서 며칠 연달아 망고를 좀 많이 먹었던 것 같아요"라든지 "아침 차릴 시간이 없어서 차가운 요거트를 먹고 유치원에 간 적이 있어요"라고 이야기한다. 만약 기록이 있어 원인을 빨리 파악했다면 찬 음식으로 인한 일시적인 설사였을 가능성이 높다는 티칭을 할 수 있었고, 부모는 감염성 질환에 대한 우려는 조금 내려놓고 아이의 상태에 맞는 생활 관리를 할 수 있었을 것이다. 혹은 기록을 미리 살폈다면 설사가 시작되기 전에, 최근 저녁마다 차가운 망고를 많이 먹었으니 며칠은 차가운 음료는 줄이고 따뜻한 음식으로 식사를 구성하여 설사 증상이 생기는 것을 예방할 수 있었을 것이다. 이렇듯 쌓인 기록을 보고 아이의 상태를 빠르게 파악하게 되면 아이의 건강과 면역력을 부모가 주도적으로 케어할 수 있게 된다.

아이를 가장 잘 아는 사람은 그 누구도 아닌 부모다. 아이가 아프게 된 뒤에 약을 먹이고 치료를 하는 것이 아니라 부모가 선제적으로 관리를 하고 아이가 아프지 않게 예방하는 것이야말로 면역력 홈케어의 핵심이다. 다음 표는 양육자가 평소에 간단히 기록하고 체크할 수 있는 실용적인 체크리스트 예시다. 매번 내용을 길게 쓰기보다는 제시한 예시처럼 많다, 적다, 보통 중에서 선택할 수 있는 기본틀이 있는 것이 좋다. 그 외 외식을 했다거나 평소와는 크게 다른 특이사항 이 있으면 그 부분만 간단히 기록해두자.

| 우리 아이 생활 패턴 체크리스트 |

	활동량	낮잠	대변		수면	컨디션
월	많다 / 적다 / 보통	30분	○회 정상 / 무름 / 단단	아침: 정량 / 많이 먹음 / 적게 먹음 점심: 저녁: 간식: 특이사항: 저녁 외식	10시 취침 7시 기상	양호
화				특이사항: 오후 간식 많이 먹고 저녁 거름		콧물 약간
수						
목						
금						
토						
일						

면역력 홈케어를 위한 준비

우리 아이, 감기일까 비염일까?

한의원에서 진료하다 보면 부모님들이 공통으로 하는 질문들이 있다. 아이가 잘 때 땀을 너무 많이 흘리는데 기가 허해서 그런 것은 아닌지, 밤만 되면 피부가 간지럽다는데 어떻게 하면 좋은지 등이다. 하루에도 몇 번씩 같은 질문을 받기도 한다. 그중에서도 단연 많이 물어보시는 것은 지금 우리 아이의 호흡기 증상이 비염인지 감기인지를 궁금해하는 질문이다.

기본적으로 아이들은 아직 호흡기 면역력이 약하기 때문에 어른들보다 호흡기 질환으로 고생하는 경우가 많다. 특히 단체생활을 하는 아이들은 환절기에 호흡기 증상을 달고 사는 경우가 많은데 한 달 이상 콧물, 코막힘 증상이 끝나지 않은 채, 호전과 악화를 반복하면서 이어지기도 한다. 증상이 좀 덜할 때는 아침에 자고 일어났을 때만 코맹맹이 소리가 나지만, 심할 때는 온종일 콧물, 가래 소리가 나면서 기침도 제법 하게 된다. 이럴 때는 소아과에 가서 약을 처방받아 4~5일 복용하지만, 증상이 줄어드는 건 그때뿐이고 다시 약하게 이어지다가 심해지기를 반복하는 것이다.

이렇게 1~2달을 반복하다가 한의원에 온 어머니들은 우리 아이의 코 증상이 계속 이어지는데 이게 감기 때문인지 비염 때문인지를 묻게 되는 것이다. 하지만 아이의 현재 증상이 코감기인지 비염인지를 기계적으로 구분할 수 있는 명확한 기준은 없다. 그래서 아이의 증상이 이어진 기간이나 양상, 과거력, 유전적 소인 등 보호자가 제공한 매우 중요한 정보를 토대로 주치의가 판단해야 한다.

정확한 정보와 판단이 필요하다

우선 아이들에게 흔히 보이는 알레르기성 비염의 주 증상은 콧물, 재채기, 코막힘이다. 어떤 특정 항원에 의해 과민 반응이 일어나는 것으로 맑은 콧물이 나오면서 연속적이고 발작적인 재채기, 코막힘, 가려움 등의 증상을 보인다. 감기 역시 재채기와 맑은 콧물 증상으로 시작하지만 대개 점차 누런 콧물로 변하고, 진득해지는 경우가 많다.

또한 감기는 바이러스 감염이 원인이 되기 때문에 감염으로 인해 목이 아프거나 발열, 피로감, 몸살 기운과 같은 전신증상이 동반되는 것을 자주 본다. 감기의 진행 양상을 보면 일반적으로 증상 시작 후, 2~3일째에 가장 심하다가 일주일 정도 지나면 호전된다.

하지만 알레르기성 비염은 지속적으로 원인 물질에 노출되는 한 계속되어 2주에서 두 달까지 증상이 지속되고 통년성 알레르기 비염은 1년 내내 지속되기도 한다.

그래서 비염인지 감기인지 구분하기 위해서는 호흡기 증상이 어떤 양상인지, 얼마나 이어졌는지, 호전과 악화는 어떤 패턴으로 이루어지는지, 전신증상이 있었는지, 가족력은 있는지, 아이가 과거에 다른 알레르기 질환을 보인 적이 있었는지 등 매우 다양한 방면에서 정확한 정보가 필요하다. 더불어 아이의 코점막의 상태, 콧물의 성상, 호흡기 관찰 및 전반적인 건강 상태를 함께 파악해야만 더 정확한 진단을 할 수 있고 그에 따라 적절한 치료와 생활 관리를 할 수 있다. 그리고 만약에 지금까지 아이가 감기가 아닌 비염으로 코 증상이 반복되었다 하더라도 이번에는 목감기나 편도염이 동반될 수 있다. 혹은 아이는 늘 새로운 감기에 반복 감염, 중복 감염이 되는 것이었지만 이번 봄에 이어지는 호흡기 증상은 알레르기성 비염으로 인한 것일 수도 있다.

아이의 상태는 늘 변화하기 때문에 예전의 경험이 이번에도 무조건 적용되는 것은 아니므로 그때마다 올바른 판단이 필요하다. 따라서 부모는 우리 아이에 대해서는 전문가가 되어야 하지만, 부모가 아이의 증상에 대해 의학적인 판단을 하기는 어렵다. 이럴 땐 주치의의 도움을 받는 것이 필요하다.

우리 아이를 잘 파악하는 주치의

나는 항상 아이에게는 단골 병원이나 주치의가 있는 것이 좋다고 조언한다. 단골 병의원이 생겨 여러 번 치료받고 약을 복용하다 보면 부모 못지않게 의사에게도 아이의 질환 패턴에 대한 정보가 쌓이게 된다. 그러면 다음에 비슷한 증상이 있을 때 더 정확하게 치료할 수 있고, 아이의 증상이 어떻게 진행될지 미리 파악할 가능성이 크다. 또 한 아이를 오래 보면 아이의 성장 상황이나 생활 패턴 등 아이가 커 가는 환경을 추가로 알게 되는 경우가 많은데 그에 맞춰 진료나 상담도 할 수 있다는 장점이 있다.

단골 병원을 정할 때는 가능하면 형제자매가 같이 다닐 수 있는 곳, 이왕이면 가족이 모두 진료받을 수 있는 곳이 좋다. 감염성 질환은 가족들이 같이 앓는 경우가 많으니 이에 대해 미리 조언받을 수도 있고, 생각보다 알레르기 질환처럼 가족력이 중요한 질병이 많아 나도 진료를 보다 보면 "형도 그렇더니, 동생도 꼭 증상이 비슷하네요"라든지 "어머니랑 증상 패턴이 비슷하게 오네요"와 같은 말을 할 때가 많다.

또 주치의에게 이런저런 건강과 질환에 관련된 질문을 쉽게 할 수 있는 환경인지도 중요하다. 아이를 키우면서 정말 하루에도 몇 번씩 이게 맞는지, 저게 맞는지 헷갈리는 일이 많이 생긴다. 이때 보통 인터넷을 찾아보거나 지인들에게 물어보는 경우가 많은데 사실 사람마다 하는 말이 달라서 더 혼란스러울 때가 많다. 이럴 때 우리 아이를 잘 파악하고, 우리 가족의 상황을 잘 이해하고 있는 주치의가 있다면 도움이 될 것이다. 물론 주치의가 판단을 내려주거나 정답을 정해줄 수는 없겠지만 의료인이라는 직업의 특성상 건강 문제에 대해서는 알고 있는 객관적인 지식을 전달하고 더 나은 판단을 내릴 수 있도록 도와줄 것이다. 따라서 부모가 아이의 증상에 대해 궁금할 때 언제든지 편하게 물어볼 수 있는 주치의의 존재는 올바른 면역력 홈케어를 위한 필수 준비라고 할 수 있다.

맘카페는 도울 뿐 진료와 진단은 전문가에게

요즘은 인터넷에 건강, 육아 관련 정보가 넘쳐난다. 검색 한 번에 수천 건의 결과가 나오기도 한다. 이렇게 많은 인터넷 정보 중에서도 엄마들이 많은 도움을 받는 것은 아마도 맘카페일 것이다. 맘카페에는 아이와 어디를 가면 좋을지, 어떤 제품이 좋은지 등 육아에 도움 되는 많은 정보가 있는데, 그중에서도 아이의 증상이 어떤지 묻는 글이 상당히 많다. 아이의 피부 발진을 같이 봐달라고 하거나 변 상태가 나쁜 경우 기저귀 사진을 올리기도 한다.

다만 맘카페의 댓글은 우리 아이와 비슷한 증상을 겪은 적이 있는 다른 사람의 조언을 받는 것이다. 분명 엄마가 아이의 증상이 어떤 것인지 혼자 파악하기 어렵거나 급할 때 도움이 될 수도 있다. 하지만 맘카페에 답변을 달아주는 사람들은 그 질환에 대한 전문가가 아니라 그냥 그 시기를 먼저 겪은 부모일 뿐이다. 경험담을 듣는 정도로 생각하는 것이 좋다.

모든 아이의 타고난 건강 상태, 지금의 증상, 처한 환경이 다른데 누군가의 경험을 우리 아이에게 모두 적용할 수는 없다. 그 아이에게는 잘 맞았던 치료나 관리 방법이 우리 아이에게는 맞지 않을 수 있으므로 다른 맘카페 회원들의 경험을 맹신하는 것은 옳지 않다. 또 전문가가 아닌 만큼 출처가 분명하지 않은 정보를 남길 수도 있으니 정보를 받아들이는 데도 주의가 필요하다.

부모가 직접 아이의 건강을 관리하고 홈케어를 하는 것은 아이의 개별적인 특성에 맞출 수 있다는 점에서 큰 장점이 있다. 그러나 부모는 건강과 의료의 전문가는 아니기 때문에 분명 한계가 있을 것이다. 따라서 아이의 건강에 대해 정확한 정보와 조언을 구할 수 있는 전문가, 주치의와 함께 아이의 건강을 관리하는 것이 필요하다.

모든 것에 완벽한
부모는 없다

혼자서 다 짊어지기 어려운 육아

부모가 되고 육아를 하는 것이 사실 참 어렵다. "부모도 부모가 처음이다"라는 말이 이를 잘 대변해주는 것 같다. 처음 아이가 세상에 태어났을 때 '이렇게 여리고 약한 존재를 잘 키워 갈 수 있을까?' 하고 걱정이 앞선다. 죽을 만큼 노력하고 잘하려고 늘 애쓰지만 육아라고 하는 것이 참 마음 같지 않다. 그러다 불쑥 아이에게 짜증을 내고 나면 '나는 나쁜 엄마인가?' 하는 마음에 눈물이 왈칵 나기도 한다.

육아가 어려운 이유는 아마도 한 아이를 성인으로 잘 키워내기 위해서는 여러 가지 다양한 분야에서 전문가가 되어야 하기 때문일 것이다. 하나만 잘하기도 어려운데 말이다. 아이가 아플 때는 건강 전문가가 되고, 밥을 먹일 때는 영양 전문가가 되어야 한다. 아이가 조금 더 크면 심리 전문가, 공부 전문가 등 어머니는 만능

박사가 되어야 한다. 그래서인지 무언가 아이가 잘못되면 다 부모 탓인 것 같은 기분이 든다. 아이가 밥을 잘 안 먹어도, 키가 잘 자라지 않아도, 자주 아파도, 말문이 늦게 트여도 다 부모가 잘못해서 그런 것 같다는 생각이 들면서 다른 더 좋은 방법을 계속 찾아 헤매게 된다. 마음이야 늘 완벽하게 좋은 것을 해주고 싶지만 부모도 사람이니까, 부모도 부모가 처음이니까 당연히 모든 것을 완벽히 챙길 수는 없는 노릇이다.

그래도 늘 미안한 마음이 드는 건 어쩔 수 없다. 그러다 보니 부모도 육아 스트레스가 점차 쌓이게 되는데 이것이 오히려 아이에게 나쁜 영향을 주기도 한다. 마음대로 따라오지 않는 아이에게 조급한 마음에 화를 내기도 하고 반대로 부모 스스로가 계속 부족한 것 같은 느낌이 반복되면 자존감이 떨어지고 우울감이 오면서 아이의 정서 발달에도 마이너스가 된다. 모든 것에서 완벽한 부모는 존재하지도 않고, 그렇게 되려고 노력할 필요도 없다.

할머니, 할아버지와 함께하는 육아

흔히 아이를 키울 때 많이 하는 이야기 중 하나가 "한 아이를 키우려면 온 마을이 필요하다"는 것이다. 예전에는 동네 어른들이 다 같이 아이를 키우는 방식이었다면, 지금은 온 가족이 함께 공동 육아를 하는 경우가 많다. 특히 현재 우리 사회의 상황상 조부모가 육아에 적극적으로 참여하는 경우가 많아지고 있다. 2018 보육실

태조사에 따르면 아이를 개인에게 맡기는 경우 가운데 83.6%가 조부모인 것으로 나타났다.[15] 또 다른 육아정책연구소의 연구 보고 내용을 살펴보아도 많은 가정에서 육아에 조부모의 도움을 받고 있으며, 이들 가정에서는 조부모의 도움 없이 맞벌이를 유지하는 것이 몹시 힘든 일임을 강조하고 있다.[16]

한의원에도 평일에는 할머니 손을 잡고 오는 아이들이 많이 늘었다. 한의원 진료의 특성상 아이의 증상에 대해 굉장히 자세하게 예진을 하는데, 부모보다 조부모가 아이의 정보를 더 많이 알고 있을 때도 많다. 이렇게 조부모와 함께 육아를 하는 것에는 장점이 많다. 특히 부모에게 집중되는 육아에 대한 무게감을 덜어낼 수 있다는 것이 장기전으로 이뤄지는 육아에서는 큰 힘이 된다. 출산 후 육아를 하면서 특히 어머니에게는 사회적인 고립이 큰 스트레스 요인이 되는데, 이 부분에서도 육아를 함께하고 서로를 지지해줄 수 있는 조부모의 존재가 큰 도움이 될 것이다.

그리고 공동 육아를 하는 경우라면 조부모 역시 면역력 관리에서도 함께 적극적으로 참여할 수 있도록 하는 것이 좋다. 주로 조부모는 아이를 주어진 일정 시간 동안 돌봐주는 역할만 하고 적극적인 양육이나 교육에 대해서는 크게 고려하지 않는 경우가 많다. 그러나 조부모가 양육하는 시간이 사실 적지 않기 때문에 면역력 케어를 함께해야 연속성 있는 관리가 될 수 있다.

조부모가 돌봐주는 시간에 아이가 어떻게 지냈고, 건강 상태는 어땠는지 앞서 제시한 기록을 함께 만들어나가는 것도 좋다. 하루의 기록이 제대로 이어져야 아이의 오늘 컨디션이 어땠는지 파악할 수 있다(이는 조부모가 아닌 베이비시터나 육아도우미에게 맡기는 경우에도 마찬가지로 적용된다). 이것이 제대로 되지 않으면 아이의 증상을 물었을 때, "오늘 아침에는 콧물이 좀 나긴 했는데 그 이후로 낮 시간에는 어땠는지 잘 모르겠네요"라고 하게 되는 것이다. 이렇게 되면 아이의 감기 증상이 어떻게 진행되고 있는지 잘 파악이 되지 않는다.

여기서 다만 조부모가 적극적으로 육아에 동참하는 경우, 부모와 육아에 대한 가치관이 다르면 여러 부분에서 서로 부딪힐 수 있다. 아무래도 조부모의 육아 방식이 요즘 젊은 부모들의 육아 트렌드와는 맞지 않는 부분이 있을 것이다. 그러나 이러한 의견 차이로 인해 서로 갈등을 겪다 보면 결국 힘들어지는 것은 우리 아이라는 사실을 잊지 말아야 한다. 아이 양육에 있어 가장 중요한 태도는 일관성이다. 같은 상황에서 부모와 조부모가 다른 반응을 보인다면 아이는 당연히 혼란스러울 것이다.

이 문제에 대해 마법 같은 해결책을 제시해주면 좋겠지만 사실 조부모와 부모가 대화를 많이 해서 가치관을 맞추는 것 외에는 방법이 없다. 간혹 진료실에서 누구의 육아법이 맞는 것인지 물어보기도 하는데, 보통은 양쪽 모두 장단점과 나름대로의 이유를 가지고 있는 경우가 많다. 따라서 보통은 그 문제의 정답을 정해드리기는 어렵지만 최대한 그것과 관련된 정보를 많이 알려드리고 있다. 조부모와 육아 방식에서 갈등을 겪고 있다면 함께 주치의 등 전문가로부터 조언을 듣는 것도 좋은 방법이다.

육아에 도움이 되는 온라인 활동

코로나19 확산으로 집콕 생활과 가정 보육이 길어지고 있을 때, SNS에서 엄마표 놀이를 올리는 것이 유행이었다. 사실 한 사람이 생각할 수 있는 놀이라고 하는 것이 한정적이고, 아이와 하루 종일 붙어 있어야 하니 아침이 되면 '오늘은 또 무엇을 하고 놀아야 하나?' 하는 것이 부담으로 다가올 수 있다. 이때 각자의 다양한 아이디어로 엄마표 놀이를 공유하고 그 경험담을 올리는 것이 아이와 다양한 경험을 하는 것에 도움이 되었을 것이라고 생각한다.

이렇게 요즘 육아에서는 온라인 활동을 빼놓을 수 없다. 다른 부모의 경험담도 많이 들을 수 있고, 온라인 교육도 많으며, 여러 가지 육아 정보가 무궁무진하다. 물론 그 정보의 정확도를 잘 판단하는 것은 필요하지만 육아에 도움이 되는 팁이 많아 어머니는 아이를 재우고 한참 동안 핸드폰을 놓지 못하는 때가 많다. 특히 육아에 도움이 되는 앱을 잘 활용하면 어머니의 수고를 많이 덜 수 있다. 아이의 건강을 관리하고 기록하는 데 도움이 될 만한 몇 가지 앱을 소개하려고 한다.

베이비타임

영유아 부모의 필수 앱이다. 수유, 이유식, 기저귀, 수면 등 아이의 하루 패턴을 기록할 수 있고 통계로 확인할 수 있다. 다른 공동 양육자와 공유할 수 있다는 것이 장점이다. 비슷한 기록 앱이 많으니 맞는 것을 찾아 활용하면 좋겠다.

열나요

아이의 체온과 호흡기 증상을 기록하는 앱으로 아이가 아플 때, 특히 열이 날 때 유용하다. 체온 패턴과 해열제 복용을 함께 기록할 수 있다.

차이의 놀이

아이의 연령에 맞게 할 수 있는 놀이를 하루에 하나씩 추천해준다. 다양한 놀이를 시도해볼 수 있고 아이의 발달이 잘 이루어지고 있는지도 더불어 체크해볼 수 있다.

파인드 마이 키즈

일반적으로 아이가 초등학교에 입학하게 되면 설치하는 필수 앱이다. 아이의 스마트워치나 핸드폰과 연결하여 위치 정보를 파악할 수 있다.

아이사랑

보건복지부의 임신육아종합포털 앱으로 여러 복지 서비스를 찾아볼 수 있다. 특히 어린이집을 보내려면 필수로 깔려있어야 하는 앱이다.

예방접종도우미

질병관리청에서 제공하는 예방접종도우미 앱으로 우리 아이의 예방접종 일정을 확인할 수 있다.

아이윙TV

유아부터 초등학생까지의 어린이를 위한 전자책을 볼 수 있는 앱이다. 특히 부모가 직접 녹음한 목소리로 아이에게 그림 동화책을 들려줄 수 있어 직장맘에게 적극 추천한다.

부모가 행복해야 아이도 행복하다

아이는 부모의 기분이나 감정 상태를 정말 신기할 정도로 잘 파악한다. 그만큼 부모가 아이에게 주는 영향력이 크다는 반증일 것이다. 부모가 행복해야 아이가 행복하고 건강하게 자랄 수 있다. 이것마저 부모에게 숙제를 주는 말인 것 같기는 하지만 아이뿐만 아니라 부모도 조금 덜 힘든 육아를 위해 노력하는 것이 필요하다.

부모는 아이의 건강을 적극적이고 주체적으로 관리하는 동시에 본인의 행복도 돌봐야 한다. 아이의 모든 것을 부모가 떠안을 필요는 없다. 힘들 때는 주변의 도움을 적극적으로 구하고 아이의 면역력을 관리하는 데 드는 노력을 줄일 수 있는 도구를 활용해야 한다. "육아는 템빨"이라는 말도 있다. 집에서 출발하고 집에서 마무리되어야 할 우리 아이의 면역력은 부모와 가족 모두의 건강과 행복이 함께할 때 완성될 수 있다.

3장

식습관 홈케어

제철 식재료로
밥상을 차렸던 이유

'집밥'의 비밀

밥을 먹는다는 것은 우리 몸에 필요한 영양과 에너지를 공급하는 일이기도 하지만, 그 외에도 많은 의미가 있는 행동이다. 흔히 밥을 같이 먹는 사이를 '식구(食口)'라고 하지 않던가. 사회 문화적으로도 그리고 건강을 관리하는 데에도 식생활은 중요한 요소다.

식생활에는 개인의 식성과 호불호가 많이 담기는데, 그럼에도 불구하고 많은 이들이 최고의 맛이라고 입을 모아 말하는 것은 '어머니의 집밥' 그리고 '어릴 때 할머니가 해주셨던 음식의 맛'이다. 실제 음식의 맛보다 그때의 따뜻한 분위기와 자식과 손주를 생각하는 정성에서 오는 감동 때문일 것이다.

나에게도 이런 기억이 있다. 나는 어릴 때부터 감기나 배탈 같은 잔병치레가 잦았다. 특히 감기에 걸리면 구토나 설사와 같은 소화기 증상이 같이 오는 경우가 많았는데 그럴 때에는 며칠씩 토하느라 밥을 한 숟가락도 넘기지 못했다. 그래도 그나마 조금 먹을 수 있는 것이 어머니가 해주신 소고기뭇국이었는데 경상도식으로 약간 칼칼하게 끓여주신 국에 밥을 조금 말아서 한두 숟가락씩 먹곤 했다. 그렇게 몇 숟가락 먹고 나면 그게 그렇게 좋았는지 조금씩 몸이 나아졌는데, 지금도 아플 때는 항상 그 맛이 생각이 난다.

지금 돌이켜보면 '콩나물이 들어간 소고기뭇국이 감기 회복에 잘 맞는 음식이었다'라는 생각이 든다. 무와 콩나물은 비타민C가 풍부하고 기관지 점막을 강화하고 보호해주는 성분이 들어 있다. 소고기가 들어가 단백질이 공급되면서도 부담스럽지 않고 소화도 잘 되는 음식이 소고기뭇국이다. 이렇게 어머니의 밥상에는 따뜻함뿐만 아니라 건강과 면역력을 위한 비밀이 숨겨져 있다.

제철 식재료는 면역력의 에너지원

예전부터 할머니의 밥상에는 늘 제철 식재료가 들어가 있었다. 우리 한식은 쌀과 곡류를 칼로리원으로 이용하며, 채소와 해조류를 반찬으로 많이 사용하는 밥상 문화다.[17] 사계절의 변화에 맞춰 그 시기에 많이 나는 채소와 과일, 해산물을 적극 활용하였다. 지금은 유통 환경과 저장 기술의 발달로 예전보다 제철의 의미가 줄어들기는 했지만, 그래도 여전히 제철 식재료를 찾는 사람들이 많다. 제철 식품은 그 계절에 가장 맛이 있고, 영양가도 많으며, 연중 가장 많이 출하되므로 가격 또한 저렴한 식품을 말한다.[18]

제철 식재료가 좋은 이유는 자연스러운 식물의 생장 주기를 따르기 때문이다. 새잎이 나는 계절인 봄에는 봄나물류가 제철이다. 이때의 봄나물은 연하고 부드러워 맛이 좋을 뿐만 아니라 겨울에 비해 활동량이 많아지고 춘곤증으로 나른하기 쉬운 봄에 필요한 비타민, 무기질이 많이 함유되어 영양적으로도 훌륭하다.

겨울에는 식물들도 추위를 이기기 위해 많은 영양분을 뿌리에 모은다. 따라서 연근, 생강, 우엉 등의 뿌리채소는 겨울의 제철 식재료가 된다. 해산물의 경우도 주로 산란기를 앞두고 먹이를 충분히 섭취해 생물들의 몸에 살이 오르고 영양분이 풍부할 때가 제철이다. 이처럼 제철 음식은 맛도 좋지만 풍부한 영양을 섭취할 수 있는 장점이 있다.

우리가 흔히 계절마다 먹는 음식은 그 계절의 건강과 관련이 있는 경우가 많다. 대표적인 여름 보양식인 삼계탕을 예로 들면, 삼계탕은 지방 함량은 낮고 단백질 함량이 높아 여름철 부족하기 쉬운 영양을 섭취하는 데 도움이 된다. 더불어 삼계탕의 주재료인 닭과 인삼은 모두 따뜻한 성질을 가지고 있는데, 여름철 찬 음식에 지친 속을 따뜻하게 해준다. 보기(補氣)하는 약재의 대표격인 인삼은 여름철에 땀을 많이 흘려 떨어진 기력을 보충하는 데 좋다.

겨울철에 자주 먹는 동치미는 가을·겨울의 제철 식재료인 무로 만드는데, 무에는 비타민C와 다양한 무기질이 함유되어 있다.[19] 겨울철에 부족하기 쉬운 과채류의 섭취를 대신하여 비타민과 무기질을 보충하는 역할을 해왔을 것이다. 또한 무에는 아밀라아제,

디아스타아제 등 소화를 돕는 성분이 있고 동치미가 발효되면서 생긴 천연 유산균 또한 소화를 돕는데, 무의 씨인 내복자는 한약재로서 소화기 질환에 많이 사용되는 약재이기도 하다.

아마도 날씨가 추워 상대적으로 야외 활동이 줄고 주로 집안에서 생활하면서 생길 수 있는 소화 불량 및 소화기 문제를 해결하는 데 동치미가 도움을 주지 않았을까 생각해본다. 이처럼 제철 식재료를 사용하여 따스히 차려주시던 할머니의 밥상에는 미처 몰랐던 맛과 건강의 비밀이 숨어 있는 것이다.

기본이 중요하다

음식을 먹는다는 것은 살아가기 위한 기본적인 행위다. 여기에 아이들은 식생활을 통해 성장과 발달을 위한 추가적인 에너지를 얻어야 한다는 점에서 성인과는 또 다른 의미를 가진다. 아이들의 성장·발달은 정해진 시기가 있으므로 그 시기에 맞게 필요한 에너지를 충족시킬 수 있는, 충분하고 질 좋은 음식 섭취가 이루어져야 한다.

건강한 식습관 홈케어에서 가장 중요한 것은 역시나 기본을 지키는 것이다. 소박하지만 건강에 대한 지혜가 숨어 있는 할머니의 밥상처럼 제철 식재료를 이용한 '집밥'을 꾸준히 먹는 것이 중요하다. '2020년 국민 식생활 실태조사'에 따르면 코로나19로 인한 영향에도 불구하고 국민 식생활 만족도는 2019년에 비해 증가하였다. 코로나19로 인해 외부 활동이 제한되어 집에서 가족들과 비교적 건강을 고려한 식생활을 할 기회가 증가하였고, 그로 인해 이와 같은 결과가 나온 것이라 볼 수 있다.[20]

이처럼 아이에게 가장 좋은 식단은 사실은 아주 가까이, 부모가 정성스럽게 준비해주는 '집밥'에 있다. 부모들은 "우리 아이에게 더 좋은 음식, 우리 아이 체질에 맞는 음식이 무엇인가요?"라고 묻지만 나는 한결같이 "성장기에 있는 아이일수록 뭐든지 골고루 잘 먹는 게 가장 좋아요"라고 대답한다. 다양한 음식을 골고루 즐겁게 섭취하는 것이 아이의 신체 및 정서 발달의 기본이다. 제철 식재료와 건강한 식단에 익숙해진다는 것은 아이에게 평생 건강의 중요한 뒷받침이 되어줄 것이다.

영양 균형에 맞춰
먹는 방법

우리 아이, 얼마나 먹고 있을까

일반적으로 '그럴 땐 한의원에 가야지'라고 생각하는 상황들이 있는 것 같다. 걷다가 발목을 삐었을 때, 이상하게 소화가 잘 안되고 더부룩할 때 등이 대표적이라고 생각하는데 아이들의 경우에는 밥을 잘 안 먹을 때 한의원에 내원하는 경우가 많다. 예를 들어 아이가 밥을 잘 안 먹고 편식하는 것을 보던 할머니가 "이럴 때는 한의원에 가서 녹용 넣은 보약을 한 번 먹는 게 좋다"라고 하셔서 같이 내원하는 경우다.

그런데 이때 보호자가 말하는 식욕부진이라고 하는 것의 기준이 아주 다양하다. 정말 하루에 어른 숟가락으로 한두 번밖에 먹지 않는 아이도 있는 반면에 정량보다 더 많이 먹고 있는데도 할머니가 보기에는 먹는 양이 부족해 보여 밥을 잘 먹게 되는 한약을 지어달라고 하는 경우도 있다. 아이는 이미 과잉 칼로리를 섭취하고 있음에도 불구하고 보호자의 생각처럼 밥을 적극적으로 먹지 않는다는 이유로 무언가를 계속 더 먹이려고 한다면 오히려 아이의 건강에 마이너스가 되기도 한다. 따라서 우선 아이에게 맞는 적정 식사량과 영양성분을 파악하는 것이 필요하다. 아이의 키와 체중, 활동량 등을 기준으로 먹는 양을 조절할 수 있다.

적정량은 있다

'2020년 한국인 영양소 섭취기준'에 따른 아이의 하루 권장 섭취량은 다음과 같다.[21)]

| 아이의 하루 권장 섭취량 |

연령 구분		에너지 (kcal/일)	탄수화물 (g/일)	단백질 (g/일)	탄수화물·단백질·지방 에너지 적정 비율		
영아	만 0~5개월	550	60	10	–	–	–
	만 6~11개월	700	90	15	–	–	–
유아	만 1~2세	900	130	20	55–65	7–20	20–35
	만 3~5세	1,400	130	25	55–65	7–20	15–30
아동	만 6~8세	1,600	130	35	55–65	7–20	15–30
	만 9~11세	1,900	130	45–50	55–65	7–20	15–30

이 표를 봐서는 사실 얼마나 어떻게 먹여야 하는 것인지 쉽게 알기 어렵다. 다만, 아이가 하루에 섭취해야 하는 칼로리양은 알고 있는 것이 좋다. 매번 그것을 계산해서 맞추지는 않겠지만, 하루에 이 정도를 먹으면 적정량이 된다는 기준선은 필요하기 때문이다. 또 전체 필요 에너지원 중 탄수화물이 절반 이상을 차지하고 단백

질과 지방이 그 나머지에서 대략 1:2 비율로 필요하다는 점에 맞추어 식단을 구성하면 영양소를 골고루 섭취할 수 있다.

이유식할 때를 제외하면 주로 아이의 식단을 따로 마련하는 것이 아니라 부모가 먹을 보통의 식사에서 간을 줄여서 국과 두세 가지 반찬을 주게 된다. 이때 얼마나 덜어주면 될지 기준이 되는 밥과 반찬의 양을 알고 있는 것이 중요하다. 만 3~5세 아이의 1회 권장 식사량을 계측하면 아래와 같다.

〈적정 1회 분량〉[22)]

- 잡곡밥 130g(어린이 밥공기 기준 2/3공기 혹은 종이컵 기준 1컵 정도)
- 배추된장국 100g(어린이 밥공기 기준 1/2공기 혹은 국자 기준 2국자)
- 버섯불고기 35g(어른 숟가락 2.5숟가락)
- 시금치나물 20g(어른 숟가락 2숟가락)
- 오이소박이 15g(어른 숟가락 1숟가락)

이렇게 하루에 3회 식사와 우유를 포함한 간단한 간식 2회 정도를 먹으면 이 나이대 아이의 적정 섭취량이 된다. 좀 더 큰 아이는 밥 양은 동일하게 하고 반찬의 종류와 양을 조금씩 늘려주면 된다. 만 9세 정도가 되면 어른들과 동일하게 한 끼에 밥 한 공기를 먹게 한다.

식단 구성을 일반적인 한국 가정에서 먹는 한식으로 한다면 영양소 섭취 비율도 잘 맞아지는 경우가 많다. 보건복지부와 한국영양학회가 발표한 '식품구성자전거'를 참고하면 곡류, 고기·생선·달걀·콩류, 채소류, 과일류, 우유·유제품류의 다섯 가지 식품군을 매일 골고루 먹는 것이 좋다. 식단을 구성할 때, 해당 음식이 어떤 식품군에 포함되는지를 고려하여 너무 한쪽으로 치우치지 않도록 해야 한다.

이렇게 기준이 되는 양과 영양소 균형을 알고 있어야 아이의 식사량과 간식량을 조절할 수 있다. 당연히 매일 아이의 컨디션과 상황에 따라서 먹는 양은 달라진다. 일반적으로 아침에는 권장 섭취량보다 적게 먹거나 가볍게 먹는 경우가 많을 것이고, 점심은 기관에서 아이들과 같이 먹기 때문에 상대적으로 더 많이 먹는 아이가 많다. 혹은 아침, 점심은 적게 먹고 저녁을 많이 먹는 경우도 있다. 매 끼니마다 정량대로 먹을 수는 없더라도 적게 먹은 다음에는 좀 더 보충해서 많이 먹거나, 밥을 많이 먹은 날은 간식을 줄이거나 하는 식으로 조절해주는 것이 필요하다.

뱃구레는 아이마다 다르다

그러나 적정 섭취량에도 개인차가 분명 존재한다. 흔히 아이가 태어나서 수유를 하고 이유식을 먹을 때에는 "아이의 뱃구레를 늘려야 한다"는 얘기를 많이 들어봤을 것이다. 방언으로는 '뱃골'이라고도 부르는 이 말의 의미는 결국 아이의 위장 용적을 늘려야 한다는 것이다. 아이가 처음 태어났을 때의 위장 용적은 약 50ml이고 만 1세에 370~460ml, 5세에 700~830ml가 되고 성인은 평균 3,000ml쯤 된다.[23] 이렇게 점점 위장의 크기가 커지면서 한 번에 먹을 수 있는 양이 늘어나게 된다.

따라서 나이에 맞게 아이의 뱃구레를 늘려서 한 번에 먹을 수 있는 양을 늘려야 한다. 그러나 이것은 아이의 체형, 소화력과 기질에 따라 차이가 날 수 있다. 그러므로 무리하게 아이의 나이에 따른 적정 섭취량을 따르려고 하지 말고 차근히 양을 늘려나갈 수 있도록 도와주어야 한다. 여기에서도 가장 우선되어야 하는 것은 아이의 현재 섭취량을 정확하게 파악하는 것이다. 현재 아이가 한 끼에 어느 정도 양을 먹는지, 하루 종일 먹는 양을 합치면 어느 정도인지를 알아야 한다.

만약 아이가 현재 먹고 있는 양이 권장 섭취량보다 많이 적다면 점진적으로 양을 늘리도록 하는데 그 속도는 한 달에 아이 밥숟가락으로 한 숟가락 정도로 한다. 갑자기 양을 늘리려고 하면 아이도 힘들고 뜻대로 되지 않으면 어머니만 속이 상한다. 아이와 어머니가 스트레스를 받지 않는 선에서 조금씩 늘려갈 수 있도록 한다.

먹는 양을 늘릴 때에는 앞서 이야기한 다섯 가지 식품군이 너무 편중되지만 않는다면 아이가 좋아하는 음식 위주로 제공하는 것도 나쁘지 않은 방법이다. 지금 당장 아이가 싫어하는 시금치를 한 젓가락 먹는 것보다 즐거운 분위기에서 아이가 좋아하는 음식을 가지고 밥 양을 한 숟가락 더 늘리는 것이 장기적으로는 아이의 식생활에 도움이 된다. 혹은 밥을 다 먹고 난 뒤 아이가 좋아하는 간식을 식사와 이어서 먹도록 하는 것도 좋다. 밥은 더 못 먹어도 간식은 좋아하는 경우가 많아 한 번에 먹는 양을 늘리는 효과가 있고 다음 식사에도 가장 영향을 덜 줄 수 있는 방법이다.

아이의 타고난 체형에 따라 뱃구레가 잘 늘지 않는 경우도 있다. 예를 들어 부모가 모두 마르고 몸이 가늘며 먹는 양이 적은 개그맨 이윤석 씨같은 체형인데 아이만 강호동 씨처럼 뱃골이 크고 위장이 튼튼하기는 어렵다. 이 때는 무리하게 먹는 양을 늘리는 것보다 적은 양에도 영양성분이 풍부한 음식을 골라서 먹도록 하는 것이 좋다. 특히 아이들의 성장에 필수적인 단백질과 칼슘이 많은 음식이 좋은데 고기, 생선, 콩, 달걀, 두부, 견과류, 잔멸치와 같이 뼈째 먹는 생선 등이 이에 해당한다.

반대로 아이가 현재 적정 섭취량보다 더 많이 먹고 있어서 고민이라면 칼로리가 낮으면서 포만감을 줄 수 있는 음식을 먹도록 한다. 대체로 이런 음식에는 식이섬유와 수분이 풍부한 토마토, 양상추, 오이 등의 채소류가 포함된다. 또 식사를 천천히 꼭꼭 씹으면서 하도록 하여 포만감을 충분히 느낄 수 있도록 해야한다. 너무 빨리 먹는 습관은 소화에도 좋지 않고 아이가 포만감을 느끼기도 전에 이미 정량보다 많은 양을 먹게 되므로 습관을 고치는 것이 좋다. 만약 아이가 아직 식사 시간이 되지 않았는데 배기 고프다고 하면서 간식을 찾는다면 우선 물을 한 잔 마시도록 한다.

이렇게 물을 마시는 것만으로 공복감이 해소된다면 실제로 음식물이 필요한 것이 아니라 입이 심심해 군것질거리를 찾는 가짜 공복에 해당하므로 주의하도록 한다.

내 아이가 먹는 양이 내 아이가 원하는 양이다

사실 부모는 음식을 맛있게 떠먹는 아이를 보기만 해도 배가 부르기 마련이다. 부그러나 동시에 양이 모자라지 않을지, 영양이 부족해서 성장에 손해가 되지는 않을지 늘 걱정이 앞서는 것도 사실이다. 아이의 식사에서 중요한 것은 무조건 많이 먹는 것보다 필요한 만큼 적당히 먹는 것이라는 점을 기억해야 한다. 현재 아이의 음식 섭취량이 권장량보다 조금 적더라도 아이의 키와 체중 성장이 잘 이루어지고 있다면 먹는 양을 억지로 더 늘리는 것보다 아이가 즐겁게 밥을 먹을 수 있도록 돕는 것이 좋다.

중요한 것은 아이의 성장·발달에 필요한 적정 영양분을 섭취하는 것이다. 부모가 아이의 먹는 양에 너무 집착하여 주객이 전도되는 상황도 많이 본다. 우선 우리 아이의 키와 체중, 성장 상태 및 활동량에 맞춰 기준을 정하고 여기에서 20% 내외로 크게 벗어나지만 않는다면 내 아이가 먹는 대로 놔두는 게 좋다. 유아기 때에는 아이가 식사를 즐거운 것으로 알아가는 것이 무엇보다 중요하기 때문이다.

세 끼 식사와
올바른 식습관

영양 섭취만큼 중요한 식습관

요즘 예능 프로그램에서는 유명인 부모와 자녀가 함께 나오는 것을 흔히 볼 수 있다. TV에 나오는 아이들은 어쩜 그렇게 다들 구김이 없고 귀여운 행동만 골라서 하는지 대중적인 인기를 얻는 경우도 많이 보인다. 요즘 나는 〈슈퍼맨이 돌아왔다〉에 나오는 도경완, 장윤정 부부의 딸 하영이가 귀여워서 방송이 기다려지기도 한다. 특히, 밥을 좋아하고 식성이 좋아서 이것저것 가리지 않고 잘 먹는 모습이 정말 사랑스러운데 특히 내가 인상 깊었던 장면 중 하나가 집에서 식사하는 모습이었다.

식사 시간이 되자 하영이는 정해진 자리에서 밥이 오기를 기다렸다. 밥이 오면 집중해서 식사를 하고 스스로 밥을 떠먹었다. 이 나이대의 아이들은 참을성 있게 한 자리에서 밥을 먹거나 혼자 스스로 밥을 떠 먹는 것이 가능한 나이이기는 하지만 사실 말처럼 쉽지 않다. 이런 하영이와 같은 아이들을 본 부모들은 한의원에 내원해서 아이가 밥을 스스로 잘 먹지 않는다고 걱정한다. TV에 나오는 아이들은 다들 편식도 없이 아무 것이나 잘 먹던데 우리 아이한테 문제가 있어서 밥을 잘 먹지 않는 것인지 걱정하는 경우도 많다. 이런 걱정에 아이를 따라다니며 밥을 먹이고 밥을 먹이기 위해 안 해본 것이 없다는 부모의 하소연도 자주 듣는다.

최근 내원한 한 아이의 경우도 마찬가지였다. 아이가 특별히 아픈 데는 없는데, 밥을 잘 안 먹어서 앞으로 성장에 문제가 있을까 걱정이 되어 내원한 경우였다. 아이는 27개월이었는데, 생후 4개월 무렵부터 먹는 양이 적었다고 했다. 늘 먹는 양이 적고, 과일을 제외하면 먹는 것을 좋아하지 않아서 조금이라도 더 먹이기 위해 어머니가 1시간 반씩 걸려 밥을 떠먹여준다고 했다.

그 시간 내내 영상을 보여주면서 밥을 떠먹여야만 겨우 밥을 먹는 것이다. 그런데 이렇게 먹는 아이의 밥 양은 결코 적지 않았다. 하루 세 번 식사를 하는데, 한 끼에 밥만 120g을 먹고, 반찬 양까지 다하면 250g은 넘는다고 했다. 밥의 양은 권장 섭취량보다 더 많이 먹고 있고, 식사의 총량도 아주 적은 편은 아니다. 아이는 키와 체중 모두 평균 정도였고, 유전적으로 받은 키보다는 오히려 더 잘 자라고 있었다. 이런 경우 한약을 복용하는 것보다도 우선적으로 올바른 식습관을 가질 수 있도록 하는 것이 필요하고, 실제 소화기에 약한 부분이 있어 식욕부진 치료를 받더라도 식습관 교정이 병행되어야 한다.

그러나 그 아이의 어머니를 비롯한 많은 부모가 아이가 한자리에 앉아서 집중력 있게 밥을 스스로 먹게 되는 그런 한약을 처방받고 싶어 한다. 그리고 "식습관 교정이 필요하다"는 설명에는 실망하는 경우가 많다. 사실 한의원에 내원하기 전까지 올바른 식습관을 가르치기 위해 노력하지 않았을 리가 없다. 계속된 노력에도 불구하고 아이는 밥을 잘 먹지 않고 그 과정에서 어머니도 많이 지쳤을 것이다. 그럼에도 불구하고 아이의 식생활을 개선하고 성장·발달을 돕기 위해서는 어쩔 수 없이 기본으로 돌아가 식습관 교정을 해야 한다. 안타깝지만 여기에 쉽고 빠른 지름길은 없다.

식습관을 바로 세우는 세 가지 원칙

첫째, 배가 고파야 한다

우리가 무언가를 먹을 때 가장 맛있게, 잘 먹을 수 있을 때가 언제일까? 여러 상황이 있겠지만, 당연히 배가 고플 때 먹는 밥이 가장 맛있다. "시장이 반찬이다"라는 속담도 있듯이 말이다. 일이 너무 바빠서 평소보다 몇 시간 늦게 먹는 따뜻한 저녁이나 축구나 물놀이를 하고 난 뒤에 먹는 음식은 유난히 더 꿀맛이다.

아이도 배가 고파야 밥을 맛있게 먹을 수 있다. 그러나 평소 밥을 잘 먹지 않고 먹는 양이 적은 아이를 둔 부모는 혹시 배가 고플까 봐, 혹시 먹는 양이 너무 적어서 안 클까 봐 걱정이 되어 조금이라도 더 먹었으면 하는 마음에 하루 종일 무언가를 조금씩 먹는 경우가 많다. 이렇게 밥 대신 우유나 과자, 과일을 조금씩 자주 먹게 되면 정작 밥을 먹어야 하는 시간에 배가 고프지 않다.

그러다 보니 아이는 밥을 먹는 것에는 별로 관심이 없고 몇 숟가락 먹다가 밀어내기 일쑤다. 이렇게 밥을 먹는 둥 마는 둥 하게 되면 다시 또 아이가 밥을 적게 먹었다는 생각에 간식을 충분히 먹인다. 이런 악순환이 반복되면 점점 더 아이는 밥보다는 간식에 관심을 가지게 된다.

일반적으로 과자, 우유, 과일 등의 간식이 아이 입장에서는 밥보다 더 맛있다. 맛있고 배도 부른 간식이 있는데 굳이 힘들게 밥을 먹지 않으려고 하게 되는 것이다. 따라서 밥과 간식을 먹는 일정한 패턴을 정하고 시간 간격을 적절하게 주어야 한다. 밥은 안 먹고 간식만 먹으려고 하는 아이 중 키와 체중이 적정한 아이는 일시적으로 간식을 아예 줄이는 것도 한 방법이다. 부모가 정한 기준대로 정량의 밥을 먹은 이후에 간식은 모자란 영양을 보충하거나 다음 식사 전까지 간단한 요기를 하는 정도로 먹어야 한다.

식품의약품안전처의 '영유아 1인 1회 분량'을 보면 만 3~5세 아이의 적정 간식 양을 제시하고 있다. 예컨대 과일류는 1회에 사과 3쪽 혹은 귤 작은 것 1개 혹은 중간 크기 바나나 1/2개 분량이다. 평소 아이가 먹는 과일양과 비교하면 턱없이 작은 수준이다. 이는 그만큼 아이들은 평소에 간식을 많이 먹고 있다는 뜻이기도 하다. 간식을 많이 먹으면 밥을 먹을 때 배가 고프지 않고 당연히 아이는 먹는 것에 관심을 두지 않게 된다.

둘째, 밥 먹는 것을 즐거운 놀이로 생각하게 해야 한다

사실 음식을 먹는다는 것은 행복하고 즐거운 일이다. 먹방, 쿡방이 유행하고 다이어트는 늘 힘들다는 사실만 봐도 그렇다. 음식을 먹고 그 맛을 즐기고 배가 불러오는 것은 즐거운 일이다. 그러나 아이들의 식사 시간, 특히 식욕부진이 있는 아이들의 식사 시간을 생각해보면 그리 즐거운 시간만은 아닌 것 같다.

부모는 내내 이것도 좀 더 먹고 저것도 좀 더 먹으라고 아이에게 잔소리를 한다. 억지로 밥을 떠먹이는 부모도, 어쩔 수 없이 밥을 받아먹어 조금 씹다가 짜증을 내며 뱉어내는 아이도 힘든 시간이다. 이것이 반복되면 밥을 먹는다는 것은 힘들고 즐겁지 않은 일이라는 기억이 아이에게 쌓이게 된다.

사실 아이가 밥을 먹는 것에 대해 영양을 보충하거나 활동을 위한 에너지를 얻는 등의 의미를 찾기는 어렵다. 아이에게는 밥 먹는 것도 오히려 놀이에 가깝다. 나는 항상 아이가 '먹는 놀이', 밥을 먹는 행동을 좋아하게 해야 한다고 말한다. 밥을 먹는 식탁의 분위기가 즐거워야 하고 아이에게 이 행동이 흥미를 유발해야 한다.

그러기 위해서는 아이가 스스로 밥을 먹도록 하는 것이 좋다. 사실 18개월 정도가 되면 어지간한 음식은 씹어서 삼킬 수 있게 되고 스스로 밥을 먹기 위한 근육이 충분히 발달된 상태다. 처음에는 당연히 제대로 먹는 것보다 흘리는 것이 더 많겠지만 그래도 아이

스스로 밥을 먹게 해야 아이가 먹는 것에 흥미를 가진다. 무언가 음식을 집어서 입으로 집어넣고 씹는 놀이를 하는 것이다.

반면에 부모가 떠주는 밥을 받아먹기만 하는 아이는 스스로 행동하는 성취감을 느낄 수 없고 더 빨리 밥 먹는 시간을 지겨워한다. 아무것도 하는 것 없이 입과 턱을 움직여 씹기만 하는 시간은 더디게 가는 걸로만 느껴질 것이다.

셋째, 먹을 것에서 시선을 돌리게 해서는 안 된다

밥 먹는 동안 영상을 틀어주는 일은 하지 않아야 한다. 영상을 틀어주고 아이가 그것에 시선을 빼앗기는 동안 무의식중에 입을 벌리게 하고 밥을 받아먹게 하는 양육자들이 있다. 그러나 이 방법은 당장은 밥을 먹이기 더 수월하고 아이가 잘 먹는 것처럼 느껴질 수 있어도 큰 효과를 보기 어려운 방법이다. 왜냐하면 아이가 음식의 맛을 느끼거나 배가 찼는지 부족한지 인식하지 못한 채 그저 음식을 입에 넣는 시간으로 식사 시간을 보내게 되기 때문이다.

게다가 이런 방식에 익숙해지면 영상 없이는 절대 밥을 먹지 않게 되고, 밥 먹는 시간이 영상을 보는 시간으로 전락해버린다. 아이가 스스로 맛을 느끼면서 밥을 먹어야 음식의 다양한 맛, 색과 질감을 접하게 되고 이것이 정서와 오감 발달에도 좋은 영향을 줄 수 있다. 먹는 행위에 대한 즐거움과 맛의 다양함을 느껴야 점점 아이도 밥 먹는 것에 흥미를 느껴 결국에는 부모도 아이의 밥을 먹이는 것이 더 편해진다. 아이가 산만해서 밥 먹는 자리에 앉아 있지 못하고 돌아다니기 때문에 영상을 보여준다는 어머니도 있다. 하지만 아이가 산만할수록 밥을 먹을 때는 밥 먹는 것 외에 아이의 관심을 끌 만한 다른 것을 최대한 배제하는 것이 좋다.

식사 시간에는 오로지 밥 먹는 것에만 집중하도록 하고 가족들도 TV를 끄고 모두 함께 모여 즐겁게 식사하도록 한다. 아이가 밥을 잘 먹지 않고 주의가 흐트러지면 가볍게 주의를 주고 가족들은 계속 즐겁게 식사를 진행한다. 이렇게 즐거운 분위기에서 다 같이 밥을 먹어야 아이도 그 분위기에 함께 동조하며 밥을 먹게 된다. 온 가족이 둘러앉아 아이를 다그치며 밥을 더 먹으라고 한다고 해서 잘 먹게 되는 것이 아니다.

식사도 교육과 훈련의 결과다

사실 아이의 식습관에 관해서는 며칠을 더 이야기해도 모자랄 만큼 많은 경우의 수와 다양한 방식이 존재한다. 앞서 말한 세 가지 원칙을 잘 기억하고 세세한 내용은 아이의 기질과 성장 상태 그리고 각 가정의 상황에 맞게 조절하면 된다.

많은 부모가 아이가 일정 나이가 되면 저절로 삼시 세끼 밥을 먹게 될 거라고 생각한다. 하지만 하루 세 번 정해진 시간에 정량의 밥을 먹는 것은 사실 교육과 훈련의 결과다. 밥을 스스로 떠 먹는 것 그리고 음식을 먹고 씹고 삼키고 하는 것은 훈련으로 근육이 발달해야 이룰 수 있는 결과다. 또 식사 시간에 정해진 자리에 앉아서 밥을 먹는 것도 교육으로 습관화되어야 할 수 있는 부분이다. 그러므로 아이가 밥을 잘 먹지 않는다면 가장 우선적으로 이런 기본적인 내용을 아이에게 가르쳐주었는지, 아이가 충분히 훈련되었는지를 돌아보아야 한다.

앞서 언급한 아이 역시 다시 기본으로 돌아가 식습관 교정을 시작했다. 식사 시간에는 영상이나 다른 장난감은 모두 치우고 식사에 집중할 수 있도록 모든 가족이 식탁에 같이 앉도록 했다. 밥은 정량대로 떠준 뒤 처음 한두 숟가락 정도만 어머니가 도와주고 그 이후로는 스스로 먹도록 했다. 나는 가족들이 아이가 밥을 먹는 것에 너무 집중하지 않고 즐거운 대화를 하면서 밥을 맛있게 먹는 것이 더 좋다고 안내했다.

어머니는 교육이 잘 될지 걱정이 많았지만, 사실 그 아이는 이전에도 어린이집에서는 혼자 밥을 잘 떠먹는 아이였다. 못하는 것이 아니라 하지 않았던 것뿐이라 처음 며칠은 울면서 밥 먹는 양이 적어지기도 했지만 이내 스스로 밥 먹는 재미에 적응하게 되었다. 한 달 정도 시간이 지나고 나서 영상 없이도 30분 만에 뚝딱 정량을 먹게 되었다. 이렇게 바른 식습관을 한 번 연습해두면 두고두고 부모도 편해지고 아이도 미식(美食)의 즐거움을 알게 될 것이다.

탄수화물 위주의 간식은 피하라

아이들도 피해가지 못한 코로나19 '확찐자'

코로나19 시국에 유행한 신조어 중 '확찐자'라는 말을 들어봤을 것이다. 집콕 생활을 하면서 살이 확 찐 사람을 뜻하는 말이다. 외부에서 활동하는 시간보다 집에 머무르는 시간이 많아지면서 활동량이 줄어들어 살이 찌게 되는 것이다. 아이들은 이와 같은 환경 변화에 더 많은 영향을 받고 있다. 유치원과 학교 같은 교육기관이 문을 닫으면서 활동량이 현저하게 줄어들었기 때문이다.

삼성서울병원 소아청소년과 연구팀은 전염병 확산 방지를 위해 시행된 사회적 거리두기가 소아 청소년의 건강에 미치는 간접적인 영향을 파악하기 위해 비만을 진단받고 병원에 내원한 소아 환자 90명을 대상으로 조사를 진행했다. 그 결과 코로나19로 인해 휴원·휴교를 한 시점 이후 대상자의 모든 비만 관련 인자가 악화되었다. 평균 체중과 체질량지수(BMI)를 포함하여 간수치, 콜레스

테롤 및 혈당 수치가 모두 악화됐다는 결과가 나왔다.

연구진은 등교하지 않고 집에 머무는 동안 활동량은 줄어든 반면 식습관은 평소와 비슷하게 유지했기 때문에 이러한 결과가 나왔다고 보았다.[24] 이처럼 아이들의 많아진 비만 인자와 높아진 대사 질환의 위험성이 코로나19로 인한 환경 변화의 여파가 아이들에게도 예외없이 적용되고 있다는 것이 증명됐다.

소아·청소년기 비만, 성인 시기까지 따라간다

사실 소아 비만율의 증가는 오랫동안 제기되어온 문제다. 소아 비만은 아이 건강에 나쁜 영향을 줄 뿐만 아니라 성장 및 성조숙증에도 위험 인자가 되어 부모의 주의가 필요하다. 더불어 소아 비만은 성인형 비만으로 이어지는 경우가 많아 아이의 평생 건강에도 마이너스가 된다. 콜롬비아 대학 연구진이 아동 비만학회지에 게재한 연구를 보면, 아동기의 비만을 성인기까지 추적한 연구 결과 5세에 비만이었던 사람은 50세에 체질량지수가 더 높은 것으로 조사되었다. 또한 5세에 비만한 아동은 50세에도 비만할 확률에서 약간 높은 예측값을, 15~17세에 비만했던 청소년은 그보다 좀 더 높은 예측값을 가지는 것으로 나타나 소아청소년기의 비만이 성인까지 이어지는 확률이 높음을 보여주었다.[25] 즉 소아청소년기에 비만 관리를 하는 것은 아이의 평생 건강을 위한 매우 중요한 요소라고 할 수 있다.

간식을 바꿔주는 것도 방법이다

'집콕' 생활이 어느 정도 시기까지는 계속될 것으로 예상되는 지금, 아이의 비만을 예방하고 건강한 체력을 키우기 위해서 양육자는 무엇을 해야 할까? 당연한 말이지만 아이의 식습관과 활동량이 관리되어야 할 것이다. 식습관과 관련해서는 특히 간식 섭취를 잘 관리하는 것이 필요하다. 아직 성장기에 있는 아이들은 실제 비만이라고 하더라도 삼시 세끼의 식사량을 현저하게 줄이는 관리는 웬만하면 하지 않는다. 영양이 모자라면 성장과 면역력 유지에 방해가 될 수 있기 때문이다. 그러나 간식은 아예 줄이거나 최소한으로 제공하도록 하는데, 특히 간식 종류를 제한하는 관리를 해야 한다.

우리가 주로 먹는 한식은 쌀이 주식이기 때문에 사실상 탄수화물 섭취가 부족할 일이 별로 없다. 이렇게 식사에서 밥으로 탄수화물을 충분히 섭취하고 있음에도 불구하고 아이들이 주로 먹는 간식을 살펴보면 탄수화물 일색인 경우가 많다. 간식으로 카스텔라, 빵, 팬케이크, 과자 등 밀가루 음식이나 떡을 먹는 경우가 가장 많고 그 외에는 과일, 당류가 든 음료를 많이 먹게 된다. 이 간식들은 준비하기도 편하고 먹기도 편해서 많이 먹게 되는 것이 사실이다.

어린이집이나 유치원에서 제공하는 간식도 대부분 죽, 국수, 주먹밥 등인데 이 또한 탄수화물이 많은 식단이다. 이러한 탄수화물 위주의 식사는 비만과 대사증후군의 위험성을 높인다.

2005년 '국민건강영양조사'의 건강 및 식이 데이터를 사용하여 분석한 결과 총 에너지의 섭취량 중에 탄수화물에서 얻어지는 에너지의 비율이 70% 이상인 경우 여성에서 당뇨병, 저(低)HDL(고밀도지단백질) 콜레스테롤혈증의 위험이 증가하는 것으로 나타났다.[26)]

따라서 아이들의 간식은 탄수화물 위주의 간식보다는 단백질과 지방 그리고 칼슘을 골고루 섭취할 수 있는 것으로 주는 것이 좋다. 내가 주로 추천하는 것은 두부로 만든 음식, 간이 되지 않은 어린이용 육포, 견과류, 치즈, 닭가슴살로 만든 소시지 등이다. 가능한 한 달고 탄수화물이 높은 과자, 사탕, 젤리에서 탈피하는 것을 추천한다. 매일 챙기기 어렵다면 조금씩 변화를 주는 것도 좋다. 일단 빵이나 떡, 과자를 먹던 간식 패턴에서 벗어나는 것이 중요하다.

간편식, 인스턴트식품, 배달 음식은 피하자

아이의 비만 예방을 위해 살펴볼 또 다른 문제는 바로 코로나19 상황 동안 급성장한 간편식, 인스턴트식품이다. 삼정KPMG가 발간한 〈코로나19에 따른 소비재산업 영향 분석〉 보고서에 따르면 외부 활동 축소와 함께 이커머스(전자상거래)를 이용한 식품 구매 확대로 라면, 통조림, 가정간편식 식품군의 소비가 확대되었다. 또 외출을 자제하고 집에서 밥 먹는 횟수가 늘면서 자연스럽게 배달 음식을 많이 됐다. 이에 배달앱을 통한 배달 음식 수요가 급격히 확대되어 전체 온라인 거래액 중 음식 서비스 거래액이 2018년 1월 3.8% 비중에서 2020년 4월 10.5%로 가파른 상승세를 보였다.[27)]

하루 세 끼 식사에 간식까지 만들어 먹기가 쉽지 않다 보니 간편식이나 인스턴트식품, 배달 음식의 도움을 많이 받았다고 볼 수 있다. 그러나 이 음식들은 준비하기는 편하지만 아이의 건강에는 도움이 되지 않는다. 이런 음식들은 대체로 칼로리는 높지만 영양소는 부족하고 설탕과 나트륨의 함량이 높은 경우가 많기 때문이다.

이에 관한 연구를 살펴보면, 미국 뉴욕대학교 국제공중보건대학원(College of Global Public Health)의 연구팀이 기저심혈관질환이 없는 성인 3,003명을 대상으로 평균 20.2년 동안 추적 조사한 결과 초가공식품의 섭취가 증가하면 심혈관질환의 발병 위험이 5% 증가했고 심혈관계 질환으로 인한 사망률은 9% 증가하는 것을 확인하였다. 시판 음식이 몸에 해로운 이유는 이미 가공된 식품에 소스나 양념, 여러 인공 재료를 한 번 더 합성한 '초가공식품'이 주류를 차지하기 때문이다. 한 연구 결과는 초가공식품의 섭취가 심혈관질환의 발병과 연관성이 있음을 밝혀주기도 했다.[28)]

이러한 음식을 한두 번 먹는다고 해서 건강에 바로 해가 되지는 않을 것이다. 하지만 아이가 어릴 때부터 반복적으로 초가공식품을 섭취하는 습관을 가지게 되면 이것이 결국 신체에 누적되어 나쁜 영향을 주게 될 우려가 있다. 따라서 가능한 한 아이들에게 초가공식품의 섭취를 제한하는 것이 필요하다.

여러 착향료, 색소와 보존제가 들어간 음료보다는 시럽을 배제한 생과일주스를 선택하도록 하고, 빵이나 과자는 공장에서 만들어서 완제품으로 나오는 것보다는 동네 빵집에서 직접 구워낸 것으로 먹는 것이 좋다. 음식에 맛을 내는 조미료나 소스는 최대한 줄이고 패스트푸트, 탄산음료 등은 최대한 늦게 노출시키도록 한다.

최근에는 완전조리식품이 아니라 식재료를 소분하여 준비해주고 집에서 간단히 조리만 하면 되도록 하는 반조리 형태의 밀키트나 다른 합성물질 없이 곡류나 과일을 말리기만 하여 판매하는 제품도 많이 나오고 있다. 따라서 시간이 없는 부모는 이런 제품을 활용하는 것도 한 방법이다.

비만하면 쉽게 아프다

비만을 관리하는 식습관은 결국 부모의 관심에서 출발한다. 비만은 각종 성인병을 유발하는 대표적인 비감염성 대사질환이기도 하지만 결국은 지금과 같은 감염의 시대에도 주요한 문제가 된다.

미국 질병통제예방센터(Centers for Disease Control and Prevention, CDC)에 따르면 비만이 있으면 코로나19로 인해 중증으로 악화될 위험이 높아지는데, 특히 만 65세 미만에서 BMI가 높아짐에 따라 입원 또는 사망 위험이 두드러지게 증가했다고 한다. 이처럼 비만은 면역 기능 장애와 관련이 있기 때문에 새로운 감염병이 지속적으로 출현하는 사회에서는 더욱 비만 관리의 중요성이 크다고 할 수 있다. 아이가 평생토록 가져갈 면역력을 향상시키기 위해 부모가 조금 더 건강한 식단에 신경을 써야 하는 것이다.

언제든 생길 수 있는 소화기 장애

'적당히'만큼 어려운 건 없다

진료를 하다 보면 '적당히'라는 게 참 어렵다는 것을 항상 느낀다. 특히 첫째와 둘째아이가 극명하게 다른 경우, 부모들이 둘을 좀 섞었으면 좋겠다는 이야기를 자주 한다. 누구나 우리 아이가 적당히 잘 먹고, 적당히 잘 놀고, 성격도 너무 우유부단하거나 너무 산만하지 않은 채로 적당히 좋은 성격이었으면 좋겠다고 생각한다. 하지만 그게 사실 가장 어렵다.

먹는 문제에서도 이 적당함을 유지하는 것이 쉽지 않다. 어떤 아이는 너무 안 먹어서 부모 속을 애타게 하고, 어떤 아이는 너무 식욕이 좋고 많이 먹어서 부모를 힘들게 한다. 안 먹는 아이의 부모는 밥 한 숟가락을 더 먹이기 위해 어떤 반찬을 주어야 그나마 잘 먹을지 하루 종일 고민하고, 아이의 체중이 잘 늘지 않으면 마치 죄인이 된 것 같은 기분이 들기도 한다.

너무 잘 먹는 아이의 부모는 아이의 먹는 양을 줄이기 위해 간식을 집안 깊숙한 곳에 숨겨두기도 한다. 하지만 아이가 안쓰럽기도 하고 배고프다고 계속 칭얼대고 힘들어하면 결국 항복을 하게 되는데, 마음 한편으로는 이래도 되나 싶기도 하다. 비만 치료를 위해 식단 관리를 하는 아이가 "엄마는 왜 나한테 맛없는 음식만 줘요?"라고 하면서 서럽게 울어서 어쩔 수 없이 과자를 꺼내줬다는 귀엽고도 서글픈 일화도 있었다.

코로나19로 더욱 벌어진 식욕 양극화

잘 먹는 아이와 잘 먹지 않는 아이의 격차는 코로나19 상황으로 인해 더 크게 벌어진 듯하다. 평소 밥과 간식을 잘 먹고 많이 먹던 아이는 사회적 거리두기 상황에 집에 머무르면서 입이 심심할 때마다 간식을 더 많이 먹게 됐다. 유치원이나 학교에서는 내내 음식을 달고 있지 못하지만 집에서는 가능하기 때문이다. 여기에 활동량까지 줄어 비만율이 크게 증가했다.

반대로 평소에도 입이 짧고 잘 먹지 않던 아이들은 집에 머무르고 활동량이 줄어들면서 더 먹는 양이 줄어들었다. 몸을 움직이는 활동을 하지 않으니 배가 덜 고프게 되고 그래서 먹는 양이 더 줄어드는 악순환이 이어졌다. 또 그나마 단체생활을 하는 중에는 다른 친구들과 함께 밥을 먹으니 그것에 자극을 받아 좀 더 잘 먹었는데 삼시 세끼를 집에서 먹으니 그마저도 힘들어져 부모의 속을 태우는 아이들이 많았다.

이렇게 코로나19 상황을 지내면서 양극화된 아이들의 식욕은 다시 조금씩 일상생활을 회복하고 있는 지금도 이어지고 있다. 해안에 큰 파도가 밀려와 애써 쌓아둔 둑을 무너트리는 것은 한순간이지만, 그것을 다시 복구하는 데는 오랜 시일이 걸린다. 아이들의 식욕도, 건강도 무너지는 건 쉽지만 다시 그것을 기초부터 탄탄히 쌓아올리는 데는 시간과 노력이 필요한 법이다.

식욕부진에도 진짜와 가짜가 있다

나는 식욕부진을 치료하기 위해 한의원에 내원한 아이의 부모에게 먼저 "진짜 식욕부진인지 가짜 식욕부진인지를 파악하는 것이 중요합니다"라고 강조한다. 부모가 식욕부진이라고 생각하는 아이들 중에는 가짜 식욕부진인 경우가 생각보다 많다. 실제로 타고난 소화 기능이 약한 아이는 아무래도 자주 체하거나 복통을 호소하는 경우가 많다. 설사나 구토도 잦을 수 있고, 차를 탈 때 멀미 증세도 쉽게 보인다. 뱃구레가 작아서 좋아하는 음식도 많이 먹지는 못한다. 본인이 가장 좋아하는 음식을 줘도 정량만 딱 맞춰서 먹고 그 이상으로는 잘 먹지 않는다.

아이들이 좋아하는 과자나 사탕, 과일을 줘도 한두 개만 집어 먹고 그만둔다. 이렇게 소화기가 약한 아이들은 당연히 먹는 양도 작고 그것을 에너지로 만들어 쓰는 능력도 떨어져 체력이나 기력도 약하고 성장·발달도 더딘 경우가 많다. 이렇게 진짜 어딘가 신체 기능이 약해서 오는 식욕부진의 경우는 억지로 먹는 양을 늘리려고 해서는 안 된다. 오늘따라 기분이 좋아 보여서 평소보다 많이 먹이거나 혹은 영상을 보여주면서 억지로 많이 먹이면 체하거나 구토, 복통, 설사가 생기는 등 꼭 탈이 난다. 이런 아이들은 소화가 되기 쉬운 음식부터 천천히 조금씩 양을 늘려나가야 한다.

밀가루 음식, 찬 음식, 기름진 음식 등은 피하는 것이 좋은데 특히 밀가루 음식 같은 경우는 소화기가 약한 아이에게는 금물이다. 밀가루에 포함된 글루텐 성분은 흡수가 잘 되지 않아서 소화하는데 시간이 오래 걸리고 가스가 차기도 쉽다. 옛날 조상들은 글루텐은 몰랐지만 이런 현상을 보고 "밀가루가 기(氣)를 막는 성질이 있어 소화기가 약한 사람에게는 맞지 않다"고 했다.

찬 음식 역시 위장관의 온도를 일시적으로 떨어트리기 때문에 소화효소의 원활한 작용을 막고 소화력을 약화시킨다. 따라서 소화기가 약한 아이의 경우 찬 음식을 먹고 난 다음에는 꼭 따뜻한 물을 먹게 하고, 따뜻한 물이 준비되지 않으면 미지근한 물이라도 연이어 먹게 하는 것이 좋다.

가짜 식욕부진을 구별하라

그렇다면 가짜 식욕부진은 어떤 경우일까? 가짜 식욕부진은 실제 소화기가 약하거나 혹은 무언가 몸이 불편해서 음식을 못 먹는 것이 아니라 안 먹고 있는 아이의 경우다.

이런 아이들의 대부분은 식욕부진이 아니라 편식에 속한다. 이러한 아이들은 주로 부모가 잘 먹었으면 하는 '밥'을 안 먹는 아이들이다. 밥과 반찬은 몇 숟가락 뜨지도 않고 뱉어내기 일쑤이면서 과자, 사탕, 빵 같은 간식만 찾는 경우가 많다. 과자를 간식으로 주면 한 봉지를 그 자리에서 다 비워내기도 한다. 딸기 한 접시를 한 번에 다 먹고 포도 한 송이를 다 먹는다는 아이도 있다.

식습관이 올바르지 못한 경우라 할 수 있는데, 이 경우는 사실 치료가 필요한 것이 아니라 식습관 교정이 우선적으로 이루어져야 한다. 물론 식습관이 제대로 잡히지 못한 아이 중에 약하고 예민한 소화기를 가지고 있는 경우가 많기는 하다. 소화기가 튼튼하면 이것저것 무엇이든 잘 먹고, 먹는 것 자체에 관심이 많아진다. 따라서 식습관이 나쁘게 잡힐 확률이 떨어지는 것이다. 이 경우에는 약한 소화기에 대한 치료를 하면서 동시에 식습관 교육이 함께 이루어져야 한다.

집에서는 어머니가 떠먹여주지 않으면 한 숟가락도 제대로 먹지 않는 아이가 어린이집에서는 정량을 뚝딱 비워낸다는 말을 듣는 경우가 많다. 이때 어머니는 "그 말을 못 믿겠어요"라고 말하기도 하는데, 이것은 사실 못 먹는 것이 아니라 안 먹는 아이의 특징 중에 하나다. 마음먹고 먹으면 다 먹을 수 있지만, 집에서는 어리광도 피우고 싶고 굳이 이 밥을 내가 다 먹지 않아도 금방 맛있는 간식이나 우유를 먹을 수 있는데 힘들게 (아이의 관점에서는) 맛이 없는 밥을 먹고 싶지 않은 것뿐이다.

어린이집에서는 선생님한테 칭찬도 듣고 싶고, 다른 아이들이 다 앉아서 밥을 먹고 있으니 같이 먹어야 할 것 같고, 또 빨리 밥을 다 먹어야 재미있게 놀 수 있기 때문에 밥을 잘 먹게 되는 것이다. 이런 아이의 경우도 마찬가지로 억지로 밥 양을 늘리는 것은 어렵다. 우선 간식을 줄이고 삼시 세끼 식사를 위주로 먹는 습관을 길러야 한다. 이런 아이들은 본래 먹던 간식의 양이 적지 않았기 때문에 식습관만 잘 교정하면 먹는 양을 늘리는 것은 어렵지 않다. 아이의 입장에서는 간식보다 덜 선호하는 밥을 먹어야 하기에 처음에는 반찬이라도 아이가 선호하는 것으로 준비해주는 것이 좋다. 그래야 조금이라도 관심을 가지고 밥 양을 늘릴 수 있다. 밥 위주로 먹는 습관이 잘 들면 그때 반찬의 종류를 다양하게 바꿔줘도 늦지 않다.

식습관도 아이 눈높이에서

나에게 이런 설명을 들은 많은 부모가 이제부터 아이의 먹는 것을 관리해야 되겠다고 결심하면서 갑자기 너무 많은 변화를 한 번에 시작하려고 한다. 매 끼니 과일이나 우유, 과자로 배를 채우던 아이가 갑자기 밥과 나물을 잘 먹을 수는 없다. 아이의 눈높이에 맞는 반찬을 준비해서 한 단계씩 나아가도록 하는 것이 좋다.

그리고 저작(咀嚼) 능력이 약해서, 즉 음식을 씹고 삼키는 턱 근육이 약해서 특정 음식만 잘 못 먹는 아이도 있다. 타고난 얼굴형이 턱이 작고 턱관절과 주위 근육이 약한 경우이거나 혹은 어릴 때부터 차근차근 씹고 먹고 삼키는 훈련을 해왔어야 하는데 그것이 잘 이루어지지 못한 경우다.

만약에 아이가 만 2세가 넘었는데 아직 음식을 주면 한참 씹다가 뱉아내거나 음식을 씹고 삼키는 속도가 다른 아이에 비해 현저하게 느리거나 고기, 나물류 등 오랫동안 씹어야 먹을 수 있는 음식만 유독 못 먹고 면류, 부드러운 과일, 우유만 찾는다면 이런 경우를 고려해보아야 한다. 진료 중에 소화기가 아니라 턱 근육이 약해서 선택적으로 먹는 아이라고 설명하면 "아니에요. 우리 아이 사탕은 잘 깨어 먹어요"라고 하는 경우가 있는데, 아이에게 맛있는 음식은 턱관절과 근육이 아프더라도 씹어서 먹는 것이고 아닌 음식은 근육이 약해서 쉽게 포기해버리는 것이다.

이런 아이는 턱관절과 근육의 훈련을 다시 새롭게 시작해야 한다. 이유식을 할 때처럼 일단 최대한 잘고 부드럽게 음식을 준비해준다. 소고기를 예로 들면, 처음에는 이유식처럼 다진 고기를 넣어서 볶음밥을 해준다. 그 단계에서 아이가 밥을 잘 씹어서 삼키면 다음 단계로 넘어가는데 한 단계를 적어도 일주일은 유지하는 것이 좋다. 다음 단계에서 바로 소고기 덩어리가 커지는 것이 아니라 그다음은 소고기를 손톱 정도 크기로 잘라서 작고 부드러운 장조림을 해준다.

다음에는 손가락 한 마디 정도 크기로 달걀물에 소고기를 부쳐

준다. 이런 식으로 차근차근 단계를 밟아나가야 하며, 중간에 아이가 크기를 버거워하면 억지로 먹이는 것이 아니라 다시 그것보다 작게 해서 더 오래 그 단계를 유지한다. 근육이 하나도 없는 사람이 갑자기 보디빌더 선수처럼 운동을 할 수는 없다. 처음에는 윗몸 일으키기 10개부터 시작해서 점차 운동 단계를 높여나가야 하고, 중간에 갑자기 단계를 뛰어넘으면 몸살이 나거나 다치기 쉽다. 아이의 턱 근육을 훈련시키는 것도 같은 이치로 차근차근 준비해주어야 아이가 순차적으로 적응해나갈 수 있다.

많이 먹는 아이는 천천히 양 조절을

식욕이 너무 좋은 아이의 가장 큰 문제는 비만과 그로 인한 대사 장애다. 식욕이 좋고 뭐든지 잘 먹는 아이는 타고난 소화 기능이 좋은 아이들이 많기에 먹는 것에 관심도 많다. 아이 특유의 푸드 네오포비아(food neophobia, 새로운 음식을 두려워하는 심리)로 인해 몇 가지 안 먹는 음식이 있을 수는 있지만 대부분의 음식은 가리지 않고 먹어보는 경우가 더 많다. 이렇게 이것저것 많이 먹고 먹는 양을 조절하지 못하다 보면 아무리 튼튼하게 타고난 소화기라도 결국 탈이 날 수 있다.

그러면 배가 자주 아프거나 체하기도 하고 설사, 변비, 구토 등 일시적인 소화기 문제를 일으키게 된다. 보통은 증상이 나타나도 금방 회복하지만 지속적으로 음식 조절을 잘 하지 못해 또 금방 문제가 생긴다. 소화기가 기능을 회복할 수 있는 시간을 주지 못하고 계속 무언가를 먹고 있기 때문에 결국 소화기에 무리가 오는 것이다.

이 경우에는 소화기를 조금 쉬게 해주고 회복할 수 있는 시간을 주어야 한다. 밥 다음에 과자, 과자 다음에 우유, 우유 다음에 과일, 그러고 나서 조금 놀다가 다시 밥 이런 식으로 하루종일 무언가를 계속 먹지 않도록 한다. 음식을 먹을 수 있는 시간을 정해놓고 그 시간 안에만 먹고 나머지 시간에는 물 외에 다른 음식은 삼가는 것이 좋다. 또 너무 급하게 빨리 먹는 습관은 꼭 고쳐야 한다. 특히 제대로 음식을 씹지도 않고 삼키는 아이들이 있는데, 입에서 충분히 씹어서 음식을 잘게 만들고 침에 있는 소화효소와 잘 섞은 상태로 먹어야 위장이 받는 부담이 덜어진다.

기다려주는 일은 필수

아이가 너무 안 먹어도 반대로 또 너무 잘 먹어도 부모 마음은 애가 탄다. 그러나 아이 입장에서는 이제 막 식생활에 대한 모든 것들을 배워나가는 중이다. 본인의 타고난 신체조건에 따라 그것에 맞는 식습관과 식사량을 맞춰나가는 중이라고 생각하면 어떨까? 성인은 보통 자신의 적정한 식사량을 알고 있고, 어떤 음식을 먹었을 때 불편해지고 탈이 잘 나는지를 파악하고 있다.

따라서 그에 맞춰서 조절을 하게 된다. 아이도 지금과 같은 시간을 지나고 여러 시행착오를 겪어야 어디까지가 적정량이고 어떤 음식이 자신에게 잘 맞는지 알 수 있게 되는 것이다.

지금 아이가 잘 못 먹어도, 너무 많이 먹어도, 혹은 편식이 너무 심해도 그것은 아이가 아직 배우는 중이기 때문이다. 물론 이로 인해 아이에게 소화기 질환이 나타나고 있다면 당연히 그에 맞는 치료가 필요하다. 그러나 치료와 동시에 올바른 식생활 습관을 갖는 것 또한 중요하다. 너무 조급하게 생각하거나 다그치지 말고 꾸준히 교육을 한다면 결국 아이도 본인에게 맞는 적절한 방식을 찾아낸다. 부모는 그때까지 아이의 성장을 돕는 페이스메이커(pace maker)로서의 역할을 하면 되는 것이다.

아이 배변은 부모의 숙제

우리 아이, 변비일까?

아이가 18개월 정도가 되면 부모가 받는 숙제 같은 것이 있다. 바로 배변 훈련이다. 이때의 부모는 아이의 발달 시기에 굉장히 민감한 경우가 많다. 아이의 발달 정도가 또래보다 조금 늦어지는 것 같으면 혹시 아이에게 무슨 문제가 있는 것이 아닌지, 부모가 뭔가 잘못하고 있는 것은 아닌지 걱정이 생기기 마련이다. 그래서 그런지 유독 이 시기에 배변에 문제가 생기면 많이 불안해하고 걱정하는 부모가 많다.

특히 배변의 문제는 아이의 먹는 문제와도 직접적인 연관성이 있어 중요하다. 변비가 있는 아이들은 흔히 장 운동성이 저하되어 있이 식욕이 같이 감소하는 경우가 많다. 또 가스가 잘 차고 배가 빵빵해지면서 속이 더부룩해 밥을 잘 못 먹기도 한다. 게다가 아이가 스스로 생각하기에 밥을 먹으면 자꾸 변을 봐야 할 것 같고 변

보는 것이 아프니까 밥을 안 먹으려고 하는 경우도 있다.

또 배변이 중요한 이유는 이것이 아이의 정서 발달과도 깊은 연관이 있기 때문이다. 아이가 변의(便意)가 느껴져서 변기에 앉아 힘을 주고 변을 내보내는 행위는 태어나서 처음으로 누군가의 도움 없이 그 시작과 끝을 조절할 수 있는 일이다. 그렇기에 이 과정을 원활하게 완성하다 보면 자신감을 얻고 다른 새로운 일에도 도전할 수 있는 힘이 생긴다.

프로이트(Freud)의 '정신분석이론'에 따르면 18개월에서 만 3세까지의 시기는 항문기로 아이는 이 시기에 올바른 배변 활동을 통해 독립성과 자율성을 키울 수 있다. 그만큼 원활한 배변 활동은 아이의 신체적·정서적 성장에 큰 영향을 주는 중요한 문제다. 일단은 가장 먼저 우리 아이가 변비인지 아는 것이 필요하다. 사실 소아 변비의 진단은 정확한 기준이 있지는 않다. 모유나 분유를 먹는 아이가 아니라면 일반적으로 하루에서 이틀에 한 번 정도 부드러운 바나나 모양의 변을 보면 정상적인 배변 패턴으로 생각한다. 반면에 배변 횟수가 주 3회 이하이거나 너무 굵고 단단한 변을 보면서 통증을 느끼거나 아이가 힘을 많이 주는데도 작고 동글동글하게 끊어지는 토끼똥 같은 변을 보면서 잔변감을 느끼는 경우는 변비라고 볼 수 있다.

그러나 배변은 먹는 양이나 먹는 음식의 종류, 활동량과도 관련이 있기 때문에 하나의 기준으로 정의하기는 어렵다. 따라서 미국소아소화기학회(NASPGHAN)에서도 제시된 진단 기준과 함께 과거력과 신체 검사를 종합해서 진단하도록 권고하고 있다. 일단 가정에서는 쉽게 아이가 배변과 관련해서 불편함을 겪고 있다면 변비로 파악하고 증상이 4주 이상 이어지면 진료를 받아보는 것을 추천한다.

일시적으로 발생한 변비는 식이조절과 집에서의 관리로 충분히 조절이 가능하다. 우선 먹는 음식의 종류와 양을 조절해주어야 한다. 변비를 악화시키기 쉬운 과자류, 밀가루로 만든 빵이나 각종 인스턴트식품은 줄이고 식이섬유가 풍부한 음식을 많이 섭취하도록 한다. 아이가 먹어낼 수 있다면 백미보다는 잡곡밥을 먹도록 하고 양배추, 사과, 푸룬 등이 대표적으로 식이섬유가 많이 들어 있는 음식이다. 푸룬은 시중에 아이들이 먹기 쉬운 젤리나 음료의 형태로 많이 나와 있으니 많이 달지 않은 제품으로 선택하여 복용하도록 하는 것도 방법이다. 또한 음식의 섭취량 자체가 너무 적어 변비가 되기도 한다. 이때는 정량을 먹을 수 있도록 식습관 관리가 함께 이루어져야 하며 아이가 변 보는 것에 대한 두려움으로 밥 먹는 것을 거부한다면 변비에 대한 치료가 선행되어야 한다.

수분 섭취량이 극도로 적은 아이들도 있는데, 아이 체중과 활동량에 따라 섭취량을 늘려주어야 한다. 영국 옥스퍼드대학교(University of Oxford)와 NHS(영국 국민보건서비스)에 의하면 만 1~3세까지는 하루 1리터, 4~8세는 1.2리터, 9세 이상은 1.5리터가 권장량이라고 밝혔다. 여기에는 음식이나 과일로 섭취한 수분도 포함되기 때문에 순수 물 섭취량은 이보다 20% 정도는 적어도 괜찮다.

아이가 맹물을 마시기 힘들어해서 음료수로 대신하는 경우가 있는데, 음료수에는 당류가 많이 포함되어 있으므로 가능한 한 물을 마실 수 있도록 한다. 물에 약간의 향이 날 수 있도록 과일즙을 몇 방울 넣어주면 맹물을 마시기 힘들어하는 아이에게 도움이 될 수 있다.

우리 아이 변비 탈출법

변비 개선에 도움이 되는 생활 관리로는 좌욕이나 반신욕, 마사지 등 아이의 복부와 하체의 긴장을 낮추는 방법이 있다. 부모가 아이의 아랫배를 약간 누른다는 느낌으로 자극해주는 것도 도움이 된다. 물에서 노는 것을 좋아하는 아이들은 약간 따뜻한 물을 받아 그 안에서 놀게 하며 근육의 긴장을 이완할 수 있도록 한다. 이렇게 물에서 놀고 난 다음에 꼭 변의가 느껴지지 않더라도 변기에 한 번 앉혀 3~5분 정도 놀게 하는 것도 좋다. 이때 조금이라도 변을 볼 수 있으면 정체된 변을 내보낼 뿐만 아니라 아이에게 변을 쉽게 볼 수 있다는 자신감을 심어줄 수 있다. 복부 마사지를 할 때는 아이가 통증을 느끼지 않도록 하는 것이 중요하다. 이미 배가 빵빵하고 가스가 찬 아이들은 약한 자극에도 크게 통증을 느낄 수 있고 심하면 배 쪽으로는 손도 못 대게 하기도 한다.

이때 마사지를 세게 하면 오히려 더욱 거부감을 가질 수 있으므로 주의한다. 가볍게 누른다는 느낌으로 아이의 배꼽 주변을 시계

방향으로 마사지한다. 특별한 스킬이 필요하지는 않고 장을 자극하여 운동을 돕는다는 느낌이면 충분하다. 이때 아이가 피부의 마찰로 아파할 수 있으니 평소 사용하던 로션이나 마사지 크림을 바르고 시행하는 것이 좋다. 몸을 움직이고 활동해야 대장도 활발히 움직일 수 있다. 실내에서 앉아서 노는 것보다는 밖에서 걷고 뛸 수 있는 시간을 꼭 만들어주는 것이 좋다. 상황이 여의치 않을 때는 아이를 눕혀놓고 하늘자전거 운동을 하듯이 다리를 교차로 움직여준다. 이런 다리의 움직임이 대장의 운동을 자극할 수 있다.

마음이 불편해도 변비가 온다

심리적인 불안으로 변 보기를 거부하거나 변기를 거부하는 경우도 있을 수 있다. 아이들은 자신의 몸에서 무언가가 빠져나가는 것을 무서워하기도 하고, 혹은 변이 더럽다고 생각해서 내 몸에서 그것이 나오는 것을 싫어하기도 한다. 변기에 앉으면 빠질 것 같아서 거부하기도 하고 변기 물이 내려가는 것을 무서워하기도 한다. 변기 물이 내려갈 때 본인도 빨려 들어갈 것 같다고 하는 아이도 있다. 혹은 집 화장실이 아닌 기관이나 외부 식당 등의 화장실은 일체 거부하면서 변을 참는 아이도 꽤 많다.

이때에는 아이가 거부감을 가지는 부분이 무엇인지 파악하는 것이 중요하다. 변이 보기 싫은 것인지 혹은 변기에 앉는 것이 싫은 것인지를 파악해야 한다. 만약 변을 보기 싫은 거라면 아파서인지 더러워서인지 정확한 원인을 파악해야 그것을 해결해줄 수 있다. 변 보는 것이 너무 아파서 변을 참고 있는 경우라면 변비에 대한 치료가 선행되어야 한다. 아프지 않게 변을 보는 경험을 여러 번 해야 참는 습관이 교정될 수 있기 때문이다.

변이 더럽다고 생각하는 아이라면 변과 관련된 동화책을 읽고 얘기를 많이 나누어보는 것이 좋다. 변기에 빠질까 봐 무서운 것이라면 좀 더 작은 아이용 변기를 마련해주거나 변을 볼 때 부모가 손을 꼭 잡아주는 것도 도움이 된다. 무작정 아이를 다그치고 왜 제대로 변을 보지 않느냐고 혼낸다면 배변에 대한 나쁜 기억만 더 쌓일 뿐이다. 어른들이 보기에 답답해 보이고 이해가 잘 되지 않아도 아이는 아직 충분히 그렇게 생각할 수 있다는 점을 이해하고 아이의 눈높이에서 천천히 설명해주어야 한다.

아이가 커가고 있다는 신호

보통 아이의 변비 증상을 단순히 '배변이 힘들어 생활에 불편을 주는 것' 정도로 생각하는 경우가 많지만, 이는 예상보다 더 많은 부분과 연관된 중요한 문제다. 배변은 먹는 것과 깊은 관련이 있을 뿐만 아니라 정서발달, 성장 그리고 면역력에도 영향을 주고 받는다. 앞서 살펴본 것과 같이 장내 미생물이 우리 몸의 면역력을 유지하는 데 큰 역할을 하게 되는데, 변비가 있다면 장내 환경의 균형이 틀어지면서 면역력을 유지하는 것에도 좋지 않은 영향을 준다. 사실 이런 의미를 설명하지 않더라도 변비가 있는 아이들은 고통스러워하는 경우가 많아 부모가 많이 속상해하고 같이 힘들어하는 경우가 많다. 아이가 땀을 뻘뻘 흘리면서 변을 보기 위해 힘을 주고 아파하는 모습을 보고 도와줄 수 없음에 마음 아파하는 부모들이 많다. 그러나 이때의 아이들에게 배변 활동은 스스로 변을 모았다가 내보내면서 쾌감을 느끼고 자존감과 독립성을 키울 수 있는 기회이기도 하다. 힘든 과정이지만 이것을 '아이가 커가고 있다는 신호'로 생각해보자. 아이는 처음에 시행착오를 겪을 수 있지만, 부모의 관심과 도움으로 이겨낸다면 이 또한 아이에게는 좋은 성장의 기회가 될 것이다. 잘 먹고 잘 내보내는 것, 아이의 면역력과 성장·발달에 중요한 포인트임을 기억해야 한다.

TIP

배변을 원활하게 도와주는 자세

아이가 변을 볼 때는 꼭 양발이 땅에 닿을 수 있게 하자. 양발이 모두 땅에 닿아 있어야 힘을 주기가 수월하다. 아이가 성인들이 사용하는 높은 변기에 앉아 발이 공중에 떠 있으면 하복부에 힘을 잘 주기가 힘들다. 따라서 아이의 키에 맞는 발 받침을 사용하여 양발이 땅에 닿고 무릎은 약간 굽혀지는 자세를 만들어주는 것이 좋다. 사실 장과 항문의 각도를 생각했을 때 변을 보기에 가장 쉬운 자세는 바닥에 쪼그리고 앉는 자세다. 이렇게 무릎은 약간 구부리고 상체를 앞으로 약간 숙이는 자세가 힘을 덜 주어도 변이 나오기 쉬운 자세이니 아직 힘을 주는 방법을 잘 모르는 아이들에게는 자세를 바꾸어주는 것도 도움이 될 수 있다.

4장

성장 홈케어

우리 아이
잘 자라고 있을까?

빨리 커도 걱정, 빨리 안 커도 걱정

"원장님, 우리 아이 키 좀 키워주세요." 비염 관리를 위해 한의원에 내원하던 초등학교 2학년 여자아이의 어머니가 어느 날 이런 문의를 해왔다. 들어보니, 동네 엘리베이터에서 만난 어르신이 아이에게 "몇 살이야? 1학년?"이라고 말을 건넸는데 이 말을 듣고 아이가 충격을 받았다는 것이다. 이렇게 주변으로부터 어떤 말을 듣고 한의원에 찾아오는 경우가 의외로 많다.

키가 상대적으로 작은 아이가 또래 친구에게 "너는 키가 작으니까 내 동생이야"라는 말을 듣고 상처 받아 집에 와서 "나는 왜 이렇게 키가 작아요?" 하며 우는 경우를 보게 된다. 그러면 부모님들은 속상한 마음에 키 성장에 도움이 될 만한 것을 찾아보기 시작한다.

이렇듯 이전에는 아이들이 학교나 유치원을 다니거나 외부활동을 할 때 다른 아이들과의 비교를 통해 키 성장 상태를 파악하곤 했다. 하지만 아이의 키 성장은 이렇게 단편적으로 또래 친구와 비교 해서는 정확히 잘 자라고 있는지 파악하기 어렵다. 우리는 특히 1월생과 12월생이 같은 나이로 분류되어, 또래라도 생일은 1년 가까이 차이 나는 경우도 있다. 따라서 단순히 유치원이나 초등학교의 같은 반, 같은 학년 친구들과 비교할 것이 아니라 여러 가지 지표를 확인하여 아이의 성장 상태를 파악해야 한다.

사실 키 성장을 위해 한의원에 내원하는 아이의 연령은 생각보다 매우 다양하다. 이제 첫 돌이 지난 아이의 키 성장을 걱정하며 내원하는 경우도 있고, 뒤늦게 이미 초경을 시작한 여중생이 오기도 한다. 그만큼 성장이라고 하는 것은 많은 아이의 고민일 뿐만 아니라 중요한 과제이기도 하다. 사실 성장기가 끝나지 않은 아이의 신체는 성장과 발달에 모든 초점이 맞춰져 있다고 해도 과언이 아니다.

이렇게 끊임없이 자라는 아이의 성장 과정을 옆에서 도와야 하는 부모는 아이의 현재 상태를 제대로 파악해야 한다. 정확한 진단이 있어야 올바른 계획을 세울 수 있다. 만약 아이가 현재 잘 자라고 있다면 지금과 같이 관리하면서 성장·발달을 점검해주면 될 것이고, 작게 크고 있거나 무언가 문제가 있다고 판단된다면 그것에 맞추어 성장을 도울 수 있는 전략을 세워야 한다.

적정 키와 몸무게 아는 법

아이의 성장 상태를 파악하기 위해서는 우선적으로 현재의 정확한 키와 체중을 알아야 한다. 하루 중에도 키와 체중은 차이가 생기는데 아침과 저녁 시간대의 키 차이가 1cm 이상 벌어지기도 한다. 따라서 아이의 키, 체중은 한 달에 한 번 비슷한 시간대에 같은 장소에서 측정하도록 한다. 그래야 키와 체중이 어떻게 변화하고 있는지 보다 정확하게 파악할 수 있다.

아이의 정확한 키와 체중을 알았다면 이것이 또래 친구들과 비교하여 어느 정도 수준인지를 알아야 한다. 흔히 영유아검진을 하면 “아이의 키가 앞에서 10등이다” 혹은 “뒤에서 30등이다” 하고 등수(퍼센타일, percentile)를 알려준다. 이것은 우리 아이와 같은 해, 같은 달에 태어난 아이 100명을 기준으로 키, 체중이 어느 정도 위치에 있는지를 알 수 있는 수치다. 50등을 평균으로 보고 숫자가 작으면 키와 체중이 작은 것, 숫자가 크면 키와 체중이 큰 것으로 보면 된다. 여기에 표본이 되는 수치는 보건복지부와 대한소아과학회가 공동으로 발표한 ‘2017 소아청소년성장도표’다. 당장 한의원이나 소아과에 내원하여 키, 체중을 측정할 일이 없다면 질병관리청 국민건강영양조사 홈페이지나 성장 관리 앱 등에서 아이의 생년월일과 키, 체중을 입력하면 결과를 알 수 있다.

이렇게 현재 아이가 어느 정도 위치인지를 알았다면, 추가로 아이의 성장 속도를 파악해야 한다. 현재 키가 평균 이상이더라도 키 성장 속도가 점점 느려져 등수가 계속 작아지고 있다면 주의가 필요하다. 일반적으로 1차 급성장기에 해당하는 36개월이 지나면 2차 급성장기인 사춘기 이전까지 1년에 5~6cm 정도 자라는 것이 평균이다. 만약 우리 아이가 1년에 4cm 미만으로 자라고 있다면 성장 부진으로 보고 원인을 찾아 치료를 받는 것이 좋다.

유전력, 5cm의 비밀

다음으로는 유전적으로 부모에게 받은 키를 체크해보아야 한다. 최종키에 가장 많은 영향을 준다고 하는 부모의 유전적인 키(MPH, Mid-Parental Height)[29]는 부모 키의 평균에 남자아이는 6.5cm를 더하고 여자아이는 6.5cm를 뺀 값이다. 만약 아버지가 178cm이고 어머니가 162cm라고 가정한다면, 이들 부부에게서 태어난 남자아이는 MPH가 176.5cm가 되고 여자아이는 163.5cm가 된다.

여기서 통계적으로 ±5cm의 범위에서 최종키가 결정될 확률이 높다고 알려져있다. 이 유전키는 아이가 그대로 자란다기보다는 아이의 성장 상태를 판단하는 데 기준이 된다는 점에서 의미를 가진다. 아이가 현재 속한 퍼센타일대로 이어서 큰다고 가정했을 때의 최종 키와 유전 키를 비교하여 현재 키가 더 크면 잘 자라고 있는 것으로 볼 수 있고, 현재 키가 유전 키보다 작다면 작게 자라고 있는 것으로 볼 수 있다. 예컨대 아버지 키 178cm, 어머니 키 162cm인 남자아이의 현재 키 퍼센타일이 50등, 딱 평균이라면 현재 키에 따른 예상 최종 키는 173.6cm 정도가 된다. 그렇다면 아이의 키는 평균이지만 유전 키인 176.5cm보다는 작게 자라고 있으므로 성장 속도가 늦은 것으로 볼 수 있다. 반대의 경우도 있다.

보통 부모의 키가 평균보다 작은 경우인데, 아버지 키가 172cm, 어머니 키가 153cm라고 가정을 해보면 남자아이의 유전 예상 키는 169cm가 된다. 만약 아이가 평균키로 자라고 있다면 유전적으로 받은 것보다 더 크게 잘 자라고 있다고 판단하는 것이다. 아이의 현재 키가 같더라도 유전 키에 따라 성장세가 좋은 것일 수도 있고 나쁜 것일 수도 있는 것이다.

이때 현재 키와 유전 키의 차이가 5cm 이상 크게 벌어지고 있다면 주의가 필요하다. 5cm 이상 작게 자라고 있다면 아이의 성장을 느리게 할 만한 요소가 무엇인지 찾고 해결해주어야 한다. 반대로 5cm 이상 차이 나게 크게 자라고 있다면 크게 자란다고 좋아할 것이 아니라 혹시 너무 빨리 자라고 있는 것은 아닌지 점검해야 한다.

유전 키와 함께 참고할 수 있는 것이 부모의 성장 패턴이다. 어릴 때는 작은 편이었는데 중·고등학교 2차 급성장기를 지나면서 빠르게 자라 최종 키가 큰 사람이 있고 반대로 유치원·초등학교 때는 또래 친구들보다 머리 하나 차이 나게 컸는데 성장이 일찍 멈춰서 최종 키가 평균 정도에서 마무리되는 경우도 있다. 특히 어머니의 초경 시기를 꼭 확인하는데, 어머니가 초경을 또래보다 빨리 시작했거나 성조숙증의 경향이 있었다면 아이도 이러한 성장 패턴을 유전받았을 가능성이 있어 주의해야 한다.

뼈 나이 검사로 알아보는 성조숙증

만약 우리 아이가 유전적인 예상 키와 비교하여 현저하게 빠르게 혹은 느리게 자라고 있거나 키 퍼센타일이 3등 이하로 작게 자라고 있는 경우는 뼈 나이를 검사해볼 수 있다. 뼈 나이는 주로 TW3(Tanner-Whitehouse3) 방식을 많이 쓰는데, 이 방식은 아이의 손과 손목뼈를 엑스레이(X-ray)로 촬영한 뒤 골연령 및 성숙도에 따라 부여된 등급을 활용하여 뼈 나이 점수를 산출하는 것이다. 이때 산출된 뼈 나이가 본인의 실제 나이보다 많이 나오면 성숙이 빠른 것으로, 적게 나오면 느리게 자라고 있는 것으로 볼 수 있다.

만약 뼈 나이가 본인 나이보다 빠르게 진행되고 있다면 추가적인 혈액검사 및 호르몬 검사 등이 필요할 수 있다. 이는 성조숙증 여부를 확인하기 위한 것인데, 성조숙증이란 여자아이는 만 8세 이전에, 남자아이는 만 9세 이전에 2차 성징에 해당하는 변화가 시작되는 것을 말한다. 이때 보이는 신체적인 변화는 여자아이는 주로 유방 발육이고, 남자아이는 고환 크기 성장이다.

나는 보통 아이가 기준 나이 이전에 신체 변화를 보이거나 키가 또래보다 10cm 이상 크게 자랄 때, 유전 키보다 5cm 이상 크게 자랄 때, 어머니가 초경을 매우 빠르게 한 경우라면 초등학교 입학할 때쯤 뼈 나이와 호르몬 검사를 해보는 것을 추천하고 있다. 검사 결과에 따라 성조숙증 진단을 받은 경우 어떤 식으로 치료할지 혹은 다른 치료를 받지 않고 경과를 지켜볼지 정하는 것은 부모와 아이의 선택일 수 있다.

하지만 모르고 있다가 시기를 놓쳐 치료를 받지 못하는 일은 발생하지 않도록 미리 관심을 가지고 있는 것이 중요하다. 특히 여자아이는 가슴 몽우리가 발달하는 것이 겉으로 드러나는 경우가 많아 비교적 확인이 쉽지만, 만 9세 정도 된 남자아이의 고환 크기는 어머니가 확인하기 어려울 수 있다. 따라서 이 시기쯤에는 한 번씩 아버지와 함께 목욕탕을 가는 등 기회를 만들어 살필 수 있도록 하는 것이 좋다.

성장은 정해진 시기가 있다

우리 아이가 잘 자랐으면 하는 것은 모든 부모의 공통된 바람이다. 요즘에는 아이들도 외모와 키에 대한 관심이 높아 키와 성장 상태에 대해 설명할 때 귀를 쫑긋하며 같이 듣는 경우도 많다. 아이의 키 성장과 체중 증가가 중요한 이유는 단순히 사회적으로 큰 키를 선망하기 때문만은 아니다. 원활한 성장은 그것 자체로 아이 건강 상태의 지표가 된다.

성인의 체중이 증가할 때를 생각해보면, 하루의 생존과 활동에 필요한 칼로리보다도 더 많은 칼로리를 섭취하여 에너지가 남으면 그것을 체지방으로 저장하면서 체중이 늘어나게 된다. 아이도 생존과 질병 회복 등에 먼저 힘을 쓰고, 그 이후 남는 에너지로 키 성장과 체중 증가를 이뤄내는 것이므로, 키가 잘 자라고 체중이 적절하게 늘고 있다는 것은 전반적인 아이의 건강 상태 또한 균형을 이루고 있고 남는 에너지가 있다는 뜻이기도 하다.

아이의 성장은 시기가 정해져 있다. 잘 자라야 할 시기에 맞추어 원활하게 성장하지 못하면 성장기가 지난 이후에는 아무리 노력해도 키가 자라지 않는다. 따라서 아이의 적절한 키 성장은 육아에 있어 중요한 과제가 된다. 이 과제를 훌륭히 수행하기 위해 가장 먼저 해야 할 일은 현재 아이의 위치를 정확히 파악하는 일이 될 것이다.

TIP

성장호르몬 주사와 성조숙증 주사(성호르몬 억제 주사)

흔히 아이들이 키 성장 문제로 치료를 받는다고 하면 성장호르몬 주사와 성조숙증 주사를 떠올리게 된다. 하지만 이들 주사를 헷갈려하거나 어떤 작용을 하는 것인지 정확하게 이해하기 어려워하는 경우도 있다.

먼저 성장호르몬 주사는 성장에 필수적인 성장호르몬을 피하주사로 투입하는 방식이다. 비교적 안전한 치료로 알려져 있으며 일반적으로 성장호르몬 치료를 시작하면 성장이 마무리되는 시기까지 지속적으로 주사를 맞는 경우가 많다. 성장호르몬 결핍증 등 성장호르몬 부족을 유발하는 원인 질환이 있는 경우에는 당연히 주사 치료를 받는 것이 맞지만, 그 외의 경우에는 키가 작은 아이에 대해서 주사 치료를 하는 것이 옳은지에 대한 논란이 존재한다.

특히 이런 아이들은 질환이 있는 아이에 비해 상대적으로 키 크는 정도가 작을 수 있고 나이가 들수록 성장호르몬의 용량을 늘려야 하므로 비용에 대한 부담, 그리고 주 5~7일 정도로 거의 매일 스스로 주사를 맞아야 하는 것에 대한 심리적인 부담이 있을 수 있기 때문에 신중히 결정하는 것을 권한다 .

특히 이런 아이들은 질환이 있는 아이에 비해 상대적으로 키 크는 정도가 작을 수 있고 나이가 들수록 성장호르몬의 용량을 늘려야 하므로 비용에 대한 부담, 그리고 주 5~7일 정도로 거의 매일 스스로 주사를 맞아야 하는 것에 대한 심리적인 부담이 있을 수 있기 때문에 신중히 결정하는 것을 권한다. 만약 실제로 특정 질환이나 성장호르몬 결핍이 있을 때는 주사 비용에 대해 건강 보험 적용을 받을 수 있다. 신장 퍼센타일이 3% 이하이면서 성장호르몬 결핍이 확인되었을 때, 부당경량아 중 출생체중이나 신장이 3% 이하이면서 만 4세 이후에도 신장이 3%이하인 경우, 그리고 터너증후군이나 소아만성신부전 등 질병으로 인해 성장호르몬 결핍이 있는 경우다.

보통 성조숙증 주사라고 부르는 것은 성호르몬 억제제로서 2차 성징 및 급성장을 유발하는 성호르몬의 농도를 낮추는 것을 목표로 한다. 성조숙증의 진단 기준에 해당하는 성숙도, 뼈나이, 혈중 호르몬 수치 등이 여아는 만 9세 이전, 남아는 만 10세 이전에 기준 이상으로 높아져 있으면 건강보험 적용을 받을 수 있다. 성호르몬 억제 주사 치료는 골성숙이 과도하게 빨라지는 것을 막고 사회적·심리적으로 너무 어린 나이에 사춘기가 진행되는 것을 방지하기 위해 시행하는 것이다. 따라서 정상적인 성숙을 보이고 있는 아이의 성장을 늦춰서 최종 키를 더 크게 하려고 하거나 혹은 단순히 여자아이의 생리를 늦추려고 치료를 하는 것은 신중하게 고려해야 한다.

아이에게 실제로 질환이 있어 보험 적용이 가능한 경우가 아니라면 비용적인 측면과 정기적으로 주사를 맞아야 하는 아이의 정서적인 부분 그리고 생길 수 있는 부작용과 얻을 수 있는 효과에 대해 정확하게 파악하는 것이 필요하다. 아이가 어느정도 대화가 가능한 나이라면 어떻게 하면 좋을지 아이와도 충분히 이야기를 나누는 것을 권한다. 어떤 치료법이나 방법을 선택하든 득(得)과 실(失)을 충분히 고려하여 차후에 그 선택에 대해 후회가 남지 않았으면 하는 바람이다.

알레르기성 질환이 성장 부진을 일으킨다

발전을 얻고 공기를 잃었다

2020년 코로나19가 퍼져나가기 시작하고 전 세계가 움직임을 멈추던 시기, 인류는 코로나19의 순기능을 목격했다. 바로 자연 생태계의 회복이다. 국제적 멸종 위기종인 바다거북이 산란을 위해 사람이 없는 해안으로 돌아와 있는 장면을 뉴스에서 접하고는 참 여러 가지 생각이 들기도 했다. 인류의 산업과 이동이 멈추자 이제는 돌이킬 수 없을 것 같았던 공기오염도 회복될 수 있다는 것을 보여주었다. 세계 최악의 공기로 알려진 인도 델리의 2019년 봄과 2020년 봄 사진은 마치 다른 곳을 찍은 것 같았다. 멀리 인도까지 갈 것도 없이 우리나라도 2020년 봄에는 평소와는 달리 파란 하늘을 자주 볼 수 있었다. 비록 마스크를 낀 채로 나갈 수밖에 없었지만 파란 하늘을 보는 것이 코로나19로 인해 우울했던 마음에 위로가 되기도 했다.

이 때문인지 봄 환절기에 미세먼지나 황사가 유독 심한 날이면 비염이나 알레르기 질환으로 고생하던 아이들도 2020년에는 비교적 수월하게 봄 환절기를 보냈다. 물론 외출과 단체생활을 자제한 영향도 있겠지만 공기의 질 자체가 좋아진 것도 한몫했을 것이다.

건강보험심사평가원에서 공개한 보건의료 빅데이터 통계를 보면 알레르기 질환으로 인해 진료를 받은 사람의 수는 2019년 기준 1,500만 명에 달했다. 그러나 2020년에는 코로나19의 영향으로 1,300만 명으로 줄었다. 그중에서도 만 5세 미만이 약 400만 명, 만 5세에서 9세 사이 아이가 약 340만 명으로 전체 진료 인원의 절반 이상을 차지했다. 알레르기성 질환에 아이들이 영향을 많이 받는다는 의미일 것이다. 성장기에 있는 아이들에게 알레르기성 질환은 그 자체로도 고생이지만, 올바른 키 성장에도 영향을 준다는 점에서 더 큰 문제가 된다. 독일의 한 연구에 따르면 기관지 천식, 아토피성 피부염, 알레르기성 비염에 이환된 소아가 정상 군에 비해 2배에서 5배 정도 신장이 작을 확률이 높았다.[30]

우리나라에서 수행된 연구에서도 아데노이드와 편도가 큰 아이, 알레르기성 비염이 있는 아이가 신장이 작을 확률이 통계적으로 유의하게 높다는 연구 결과가 있다.[31] 아직 그 기전에 대해 명확하게 밝혀진 것은 아니지만 어떤 방식으로든 알레르기 질환이 키 성장에 영향을 준다는 것을 알 수 있다. 나쁜 공기와 환경오염을 피할 수 없다면 그에 맞설 수 있도록 아이를 준비시켜야 한다.

행진하는 알레르기성 질환

일반적으로 아이들이 보이는 알레르기 질환은 식품 알레르기, 아토피 피부염, 천식, 알레르기성 비염 등이 대표적이다. 이들 질환은 각각의 개별적인 질환이라기보다는 하나의 뿌리를 가진 질환이라 볼 수 있으며, 신체 어느 부위에서 증상이 생기느냐에 따라 구분된다고 볼 수 있다. 예컨대 한의원에 비염 치료를 위해 내원하는 아이들은 아토피 피부염까지는 아니더라도 어느 정도의 알레르기성 피부 질환을 같이 가지는 경우가 많다. 두드러기가 잘 생긴다거나, 반복적인 발진이 자주 생기거나, 땀띠나 접촉성 피부염과 같은 면역 반응과 관련된 피부 질환을 가지고 있는 것이다. 이를 일컬어 '알레르기 행진(allergy march)'이라고 하는데, 아이가 한 가지 알레르기성 질환을 보이면 다른 종류의 알레르기성 질환에서도 자유롭지 않기 때문에 이에 대한 대비가 필요하다.

이러한 알레르기성 질환은 환경적인 요인과 유전적인 요인이 복합적으로 작용하여 발생한다고 알려져 있는데, 아직 정확한 발생 원인은 밝혀지지 않았다. 그러다보니 뚜렷한 치료 방법 또한 없는 상황이다. 따라서 알레르기성 질환은 어떻게 관리를 하느냐가 더욱 중요하다. 알레르기 증상 관리에 있어서 가장 중요한 것은 원인 물질에 최대한 노출되지 않도록 하는 것이다.

알레르기라고 하는 것은 사람에게 크게 해롭지 않은 물질에도 신체가 과민하게 반응하는 것이다. 꽃가루, 집먼지진드기 등의 물질을 접했을 때, 보통 사람들은 1 정도 크기의 자극이면 1 정도로 반응을 하는데, 알레르기가 있는 사람은 1 정도 크기의 자극에 10 정도로 크게 반응하게 되는 것이다. 혹은 우유, 땅콩, 밀가루, 달걀 등 인체에 무해한 음식에도 과도한 면역 반응을 일으켜 피부 습진, 콧물, 코막힘, 기침 등의 불편한 증상을 발생시킨다. 과민 반응에 대한 원인을 아직 모르기 때문에, 우선은 증상을 촉발시키는 원인이 무엇인지 파악하고 그것을 피하는 것이 매우 중요하다. 따라서 아이의 평소 음식 섭취 내역이나 환경 변화에 대해서 부모가 정확히 알고 있어야 한다. 앞서 언급한 아이의 생활이나 음식 섭취에 대한 간단한 기록을 남겨두고 증상이 심해지는 날과 덜해지는 날을 비교하여 원인 물질을 파악해야 그것을 피할 수 있다.

알레르기의 원인 물질을 파악하기 위해 병원에서 검사를 진행하기도 한다. 흔히 시행하는 검사로는 여러 가지 알레르기 유발 물질을 피부에 소량 올려놓고 검사하는 피부단자검사와 혈액검사를 통해 면역글로불린(IgE) 수치를 측정하는 방법이 있다. 아이들의 경우 혈액 검사로 진행하는 경우가 많은데, 혈액 검사에는 60~90가지 정도의 물질을 한 번에 검사 가능한 마스트(MAST) 검사와 소량의 물질에 대해 더 정확한 결과를 얻을 수 있는 유니캡(UniCAP) 검사가 있다. 유니캡 검사는 만 6세 미만의 경우 12가지 항목까지 보험이 적용된다. 그러나 이 검사의 결과가 모든 알레르기의 원인을 설명해주지는 못한다. IgE 수치가 높아도 실제로는 알레르기 반응이 없을 수도 있고, 반대로 수치는 낮지만 알레르기 반응이 일어나기도 한다. 그래서 나는 보통 검사 결과는 참고용으로 활용하고 결국은 아이가 실제로 반응을 보이는 것이 무엇인지 일상생활에서 관찰해야 한다고 조언한다.

일상생활에서 알레르기를 줄이는 법

이렇게 원인 물질을 파악한다고 해도 그것에서 완전히 자유로울 수는 없다. 만약 검사를 통해 아이가 집먼지진드기에 반응을 한다는 것을 알게 되었다고 가정해보자. 그러면 당연히 집 안의 침구류를 자주 갈아주고 세탁하고 햇빛에 살균해야 한다. 가능하면 집 안의 소품과 가구를 천 소재가 아닌 다른 소재로 대체하는 것도 좋다.

그렇지만 아무리 노력해도 집먼지진드기에서 완전히 자유로울 수는 없다. 부모가 잘 관리해주는 집에서만 아이가 늘 생활하고 그 밖으로 한 발자국도 벗어나지 못하게 할 수는 없을 것이다. 또 알레르기의 원인 물질이 집먼지진드기 단 하나인 경우는 흔하지 않다. 과민해진 면역 반응으로 인해 여러 흡입항원(吸入抗原)이나 식품에 동시 반응하는 경우가 훨씬 많기 때문이다. 결국 알레르기를 관리하기 위해서는 우리 신체가 스스로 그것을 이겨낼 수 있도록 만들어야 한다.

이때 보통 '면역력 강화'를 이야기하게 되는데, 정확하게 말하자면 알레르기는 이미 면역력이 과민 반응하는 것이기 때문에 면역력을 강화하는 것이 아니라 면역력의 균형을 맞추는 것이 필요하다. 종종 한의원에 찾아오시는 부모님들 중에 면역력 강화라는 것이 주유소에서 차량에 연료를 넣듯이 무언가를 먹으면 저절로 이루어진다고 생각하시는 분들이 있다. 면역력은 그리 간단한 문제가 아니다. 우리 신체가 스스로 조절하는, 매우 섬세하고 복잡한 과정이다. 우리가 할 수 있는 것은 그 섬세한 조절을 돕기 위해 신체의 기능을 건강하게 유지하는 것이다. 따라서 나는 면역 균형을 위해서는 신체의 컨디션을 좋게 만들어주는 것이 필요하고 한약이 이 부분에서 도움을 줄 수 있다고 생각한다.

단일 한약재 처방 중에 면역력 조절이나 알레르기성 질환 완화에 도움이 된다고 밝혀진 것들은 매우 많다. 그러나 그것을 다 모아서 먹는다고 해서 면역력이 좋아지는 것은 아닐 것이다. 나는 진료 시 아이의 건강 상태와 알레르기 질환의 정도에 따라 적절한 한약 처방으로 신체의 컨디션을 좋게 해서 자연스럽게 알레르기 증상이 감소하고 아이의 불편감을 덜어주는 것을 목표로 한다고 늘 설명하고 있다. 알레르기 증상을 일시에 없애는 치료법은 단언컨대 아직 존재하지 않는다. 꾸준한 관리와 면역력 케어만이 점차 아이의 삶의 질을 높여줄 수 있는 것이다.

TIP

콧물 빼기와 코 세척, 해주는 것이 좋나요?

아이가 코가 막혀 불편해하고 재채기를 할 때마다 콧물이 그렁그렁 쏟아져 나온다면, 그것을 보는 부모도 여간 괴로운 것이 아니다. 그럴 때마다 아이가 힘들까 봐 콧물을 빼주거나 코 세척을 시키는 부모가 있는데 계속 해도 될지, 하는 게 좋은지. 하지 않는 게 좋은지 확신이 들지 않아 궁금해하는 경우가 많다. 우선 아이의 콧물을 빼주는 것은 임시 조치라는 것을 알아야 한다. 아이가 감기에 걸렸거나 알레르기성 비염의 반응으로 콧물이 생기고 있다면 아무리 열심히 콧물을 빼주어도 금방 다시 생긴다. 그럼에도 불구하고 콧물을 제거하는 이유는 아이의 고생을 줄여줄 수 있기 때문이다. 따라서 코 증상에 영향을 받기 쉬운 밥 먹기 전이나 잠 자기 전에는 콧물, 코막힘이 심하다면 콧물을 빼주는 것이 좋다. 그래야 아이의 식사와 수면에 방해를 덜 받고 회복에 도움을 줄 수 있다. 그러나 아이가 밥도 잘 먹고 놀기도 잘 놀고 잠도 잘 잔다면 굳이 콧물을 빼줄 필요는 없다.

콧물을 빼기 위해서는 코 점막에 자극을 주어야 하고 이 과정에서 코피가 날 수도 있다. 또 어느 정도는 콧물이 있어야 코 점막을 보호해주는 역할도 하므로 콧물을 하나도 남기지 않겠다는 일념으로 콧물을 빼는 것은 좋지 않다. 아이가 전혀 불편해하지 않는데 콧물을 그렁거리는 소리가 난다는 이유로 과하게 콧물을 제거하거나 콧물약을 먹이는 것은 사실 어머니의 마음을 편하게 하는 것이지 아이에게 도움이 되는 것은 아니다. 그리고 코 세척은 생리 식염수로 코 점막을 관류하여 씻어내는 것을 말한다. 코 안의 콧물을 제거하면서 코 점막에 수분을 직접적으로 공급할 수 있어 비염이 있는 사람에게는 매우 추천하는 관리 방법이다.

그러나 어린 아이들은 아직 정확한 방법대로 수행하기가 어렵고 공포심을 느낄 수 있기 때문에 나는 만 5세 이상의 아이들에게만 권하고 있다. 보통 초등학생 정도가 되면 힘들지 않게 잘하게 되는데 개인차가 있다. 코 세척하는 기구는 약국에서 쉽게 구입할 수 있으며 코 세척을 할 때는 고개를 약간 숙인 채로 아이가 "아~" 하는 소리를 잘 내주어야 한다. 이러한 협조가 잘되지 않으면 물이 귀로 잘못 들어가 중이염이 생기기 쉬우니 주의가 필요하다. 아이가 아직 어려 관류 방식으로 하는 코 세척이 힘들다면 생리식염수 등 코 세척이 가능한 외용제를 코 점막에 분사한 뒤 코를 풀어주거나 코 위쪽으로 따뜻한 스팀 타월을 올려주는 것도 콧물 배출에 도움이 된다.

잠은 성장의
보약이다

늦게 자는 연습을 미리 시켜야 한다고?

몇 년 전, 내가 아직 봉직의를 하던 시기에 만났던 아이 중에 아직 기억에 남는 아이가 있다. 그 아이는 당시에 초등학교 6학년이었는데 그 나이 또래 남자아이들에게서 흔히 보이는 특유의 무뚝뚝함이 없는, 아주 밝고 쾌활한 아이였다. 그래서인지 진료 중에 이런저런 이야기를 많이 나누었는데 주로 공부하기 싫다는 아이의 하소연을 들어주곤 했다.

어느 날은 진료실에 뛰어들어오더니 억울하다는 듯이 "엄마가 밤에 잠을 안 재워요"라고 말하는 것이었다. 아이가 학원을 마치고 집에 돌아오는 시간은 9시 반에서 10시쯤이고 이 시간이 되면 피곤해서 빨리 자고 싶은데 못 자게 한다는 것이었다. 나는 '학원에서 돌아온 뒤 못다 한 숙제를 하고 이것저것 마무리해야 할 일이 있어서 그랬나?' 하고 생각했다. 그래도 조금 더 수면 시간을 당길 수 있으면 좋겠다 싶어서 아이를 내보내고 진료실에서 어머니와 상담을 했는데, 어머니의 답변이 좀 충격적이었다.

어머니는 "이제 중학교에 가면 아이가 다니는 학원 스케줄 상 시간이 더 늦어져서 학원 수업이 11시쯤 돼야 마치는데 아이가 내년에 그 시간까지 집중해서 수업을 잘 들으려면 올해부터 11시까지 안 자고 공부를 하거나 다른 일을 하는 연습을 해야 해요"라고 말하는 것이었다. 그러면서 "주변 엄마들도 다 그렇게 해요, 우리 아이만 학원에 가서 꾸벅꾸벅 졸다 오면 어떡해요?" 하며 진심으로 걱정하고 있었다. 물론 어머니도 아이가 걱정되는 마음에 그렇게 하셨을 것이고, 가정 내의 사정을 내가 모두 알기는 어렵겠지만 많이 놀란 건 사실이다. 아이의 건강과 성장에 수면 부족이 미칠 수 있는 영향에 대해서 설명하고 상담을 마무리했지만 그 기억이 참 오래갔다. 물론 소수의 경우라고 생각하지만, 생각보다 질 좋은 수면의 중요성을 간과하는 경우가 많다.

사실 아이가 어릴 때는 모든 부모가 수면 문제를 매우 중요하게 인식한다. 어린아이의 수면 교육은 시기마다 유행이 형성될 정도로 많은 부모의 고민거리이며 아이가 잠자는 데 방해될까 싶어 온 가족이 조그마한 소리에도 주의하며 노심초사하는 경우도 많다. 아이의 수면 시간이 너무 짧거나, 잠 드는 것을 어려워해 한의원을 찾는 경우도 많은데 이때 모든 부모가 공통적으로 하는 이야기는 "아이가 잠을 잘 못 자서 잘 못 클까 봐 걱정이 돼요"이다.

그런데 아이가 어느 정도 성장해 학습해야 하는 나이가 되면 잠은 우선순위가 뒤로 밀린다. 상대적으로 공부 때문에 자는 시간이 조금씩 늦어지는 것을 쉽게 받아들인다. 아이의 성장을 위해 일찍 자는 것이 좋다는 것을 모르는 부모는 없지만 학원 때문에, 남은 숙제 때문에 쉽지 않다 보니 잠보다는 공부를 택하는 것이다. 뿐만 아니라 요즘은 핸드폰 활용 연령이 점점 어려지면서 아이들이 자기 전에 동영상을 보거나 핸드폰하느라 잠에 드는 시간이 더 늦어지기도 한다. 하지만 수면 시간을 정말 이대로 두어도 괜찮을까?

성장호르몬의 비밀

우리는 밤에 잠을 잘 자야 키가 잘 큰다는 것을 알고 있다. 이는 수면 중에 성장호르몬의 분비가 활발히 일어나기 때문이다. 성장호르몬은 골격 성장과 단백질 합성에 관여해 아이들의 성장을 촉진하는 데 필요한 호르몬이다. 자연적으로 신체에서 분비되는 성장호르몬의 약 60%가 수면 중에 분비된다고 알려져 있다. 특히 취침 1~2시간 후 깊은 잠에 접어들면서 가장 활발히 나온다. 수면 중에서도 깊은 수면 상태일 때 더 많이 분비되며, 외상 후 스트레스 장애 환자 등 수면 장애가 자주 발생하는 사람은 건강한 사람에 비해 야간 성장호르몬의 수치가 낮다.[32] 중간중간 자주 깨는 등 수면의 질이 좋지 않을 경우 성장호르몬의 분비가 충분하지 않을 수 있는 것이다.

따라서 자는 동안 성장호르몬의 분비를 원활하게 이끌어내기 위해서는 적절한 수면 시간이 확보되어야 하는 동시에 수면의 질 또한 좋아야 한다.

아이가 수면 중 너무 자주 깨거나 혹은 자다가 깨서 울고 소리를 지르는 등 수면에 문제가 있다면 해결해주어야 한다. 아이들이 자다가 깨서 울거나 놀라는 증상은 야제증(夜啼症) 혹은 야경증(夜驚症)이라고 하는데, 영유아 시기부터 증상이 나타나기 시작해서 사춘기가 지나면 자연스럽게 좋아지는 경우가 많다. 그러나 자다가 깨는 횟수가 너무 잦으면 깊은 수면을 이루지 못하기 때문에 다음 날 피곤해하기 쉽고 성장호르몬 분비에도 문제가 될 수 있어 치료가 필요하다.

야제증의 진단과 치료에는 아주 명확한 기준이 없지만, 나는 보통 만 2세 이전까지는 아이가 조금 자주 깨더라도 생활 관리를 잘 하면서 경과를 관찰하는 것을 권하는 편이다. 다만, 아이가 수면 중에 너무 힘들어하거나 일상생활에 지장을 받을 정도이면 즉각적인 교정과 치료가 필요할 수 있으니 진료를 받아보는 것이 좋다.

아이들은 밤에 왜 우는 걸까?

아이가 평소에는 잘 자다가 일시적으로 자주 깨고 울면서 힘들어한다면 아이에게 주어지는 정서적인 자극이나 스트레스와 연관이 있을 수 있다. 어머니한테 혼이 났거나 친구와 다투는 등의 정서적인 자극이 있을 때 또는 무언가로 인해 깜짝 놀랐던 날 혹은 동생이 태어나거나 유치원, 초등학교 입학 등 환경 변화가 있거나 교통 사고가 발생하는 등 스트레스 요인이 있을 때도 수면 문제가 발생하기 쉽다. 따라서 아이에게 수면 문제가 있을 때는 아이가 불안해하거나 긴장하는 요소를 찾아주고 안정감을 찾을 수 있도록 해주는 것이 중요하다. 물론 이때는 감기나 복통, 설사 등 수면을 방해하는 질환이 없는지를 먼저 살피는 것 또한 필요하다.

치료가 필요한 질환이 있는 경우가 아니라면 좋은 수면 환경을 마련해주는 것이 먼저다. 자는 방의 온도와 습도를 조절하는 것이 매우 중요한데, 너무 따뜻하거나 더운 것보다는 약간 서늘한 온도를 맞춰주는 것이 좋다. 아이에게 직접적으로 바람이 들지 않는 선에서 18~24도 정도를 유지하면 무난하다. 방 안 온도가 높으면 잠이 들어도 더워서 쉽게 깨고 짜증이 나기 쉽다.

빛을 조절하는 것 또한 숙면에 중요한 문제다. 우리 몸은 빛을 통해서 하루의 생체 리듬을 파악한다. 따라서 낮에는 충분히 햇빛을 쬐는 것이 필요하고 밤에는 빛을 차단해야 한다. 밤이 되고 빛 자극이 줄어들면 수면을 조절하는 멜라토닌(melatonin)을 분비해 수면을 유도하게 되는데, TV나 핸드폰의 밝은 빛에 지속해서 노출되면 멜라토닌이 제때 분비되지 않아서 수면 시간이 늦어지게 된다. 밝은 빛뿐만 아니라 자기 직전까지 여러 가지 시각적인 자극에 노출된 뇌는 바로 깊은 잠으로 빠지기가 어렵다.

따라서 취침 시간 전에는 영상 자극을 피하고 조명을 어둡게 하여 숙면을 위한 준비를 하고 일정한 수면 패턴을 만드는 것이 좋다. 특히 부모의 퇴근이 늦어질 때, 아이와 더 놀아주고 싶은 마음에 자기 직전까지 몸으로 놀아주는 경우가 있는데 주의해야 한다. 아이가 매일 일정한 시간에 비슷한 패턴으로 잠들 수 있도록 습관을 잡아주는 것이 필요하다.

늦게 먹는 것은 금물

부모들이 놓치는 수면 관리 중 또 다른 하나는 '늦게까지 먹지 않는 것'이다. 성인들도 밤늦게까지 야식을 먹고 자면 다음 날 아침까지 속이 더부룩하거나 소화가 잘 안된다는 느낌을 받기 쉽다. 아이들은 저녁 식사 이후에 과일이나 과자 등의 간식을 먹는 경우가 많고, 특히 우유를 늦은 시간까지 먹는 아이가 많은데 주의가 필요하다. 우유는 생각보다 단백질과 지방 함량이 높아 소화가 용이하지 않고 동양인은 상대적으로 우유를 소화시키는 효소가 부족하여 우유를 마시면 가스가 차거나 복통을 호소하기도 한다. 속이 불편하면 숙면을 취하지 못하고 중간중간 자주 깰 수 있다.

잠자기 전 적어도 2시간 정도는 음식을 먹지 않는 것이 좋은데 이는 성장호르몬의 효율적인 분비와도 관련이 깊다. 음식을 먹으면 소화를 시키기 위해 소화작용에 필요한 호르몬을 분비하게 되는데 이러한 호르몬은 성장호르몬의 분비를 억제한다.

잠이 든 후 가장 성장호르몬이 많이 분비되는 시점에 체내에 소화를 위한 호르몬이 많이 있으면 그만큼 성장호르몬이 충분히 분비되지 못하는 것이다. 따라서 만 2세 이상의 아이라면 잠 들기 전 2시간 정도는 꼭 공복을 유지할 수 있도록 해야한다. 수분 섭취를 위한 물 정도만 마시도록 하고 씹어 먹는 음식과 우유는 최대한 피해야 한다.

수면 시간의 마지노선 정하기

잠을 잔다는 것은 사람의 건강에 매우 중요한 일임에 틀림없다. 하루 동안 활동하면서 쓴 에너지를 충전하고, 세포를 재생시키며, 뇌세포에 쌓인 노폐물도 씻어낸다. 게다가 아이들에게는 성장하는 힘을 기르는 시간이기도 하다. 따라서 아이의 수면의 질을 높이고 그 시간 동안 충분히 성장호르몬이 분비될 수 있도록 하는 것은 다른 어떤 성장 치료보다 중요한 성장 케어라고 할 수 있다.

그러나 요즘 아이들은 학업량이 많아 사실 일찍 자는 것이 쉽지 않다. 학교와 학원을 다녀와서 숙제를 조금 하다 보면 10시, 11시를 넘기는 것이 예사이기 때문이다. 그러나 여러 번 강조하지만 아이의 성장에는 때가 있고 그것을 놓치면 그 시기는 다시 돌아오지 않는다. 수면 시간의 마지노선을 정해두고 아무리 늦어도 그 시간 전에는 잘 수 있도록 아이와 미리 상의를 해두는 것이 좋다.

이때 부모도 아이와 같은 시간에 잠자리에 드는 것이 좋다. 그렇지 않으면 아이도 당연히 더 놀고 싶고 TV나 스마트폰을 더 보고 싶을 것이다. 온 가족이 함께 올바른 수면 습관을 기른다면 우리 신체가 자연스럽게 분비하는 성장호르몬의 혜택을 듬뿍 받을 수 있을 것이다.

TIP

숙면과 건강에 도움이 되는 차

잠 자기 전 2시간 동안 물 외에 다른 것을 먹지 않는 습관을 들이는 것이 생각보다 어려울 수 있다. 특히 아이들은 배가 고파서라기보다는 입이 심심해서 먹을 것을 찾기도 한다. 이때 활용할 수 있는 차를 몇 가지 소개한다. 다만, 수면 중 소변을 자주 보러 가거나 야뇨증이 있는 아이들은 자기 전에 이뇨작용이 있는 차를 마시지 않는 것이 좋다.

- 국화차: 국화는 한약재로는 '감국'이라고 하며 스트레스를 풀고 긴장을 이완시키는 데 도움을 준다. 스트레스로 인해 열이 쌓여 머리가 아프거나 눈이 피로한 증상에도 좋다.
- 진피차: 진피는 귤껍질을 말린 것으로 기운 순환을 촉진하고 소화 기능을 촉진하며 가래 제거에도 도움을 준다. 소화기와 호흡기가 예민한 아이, 속이 답답하고 더부룩한 경우에도 좋다. 맛이 상큼하고 달콤하여 아이들도 쉽게 마실 수 있다.
- 대추차: 대추는 성질이 따뜻하여 몸을 따뜻하게 해주고 호흡기 면역력을 높이는 데도 좋다. 숙면과 전신 이완에 도움이 되는 '세로토닌(serotonin)' 생성을 촉진하여 관련 질환의 약재로도 많이 쓰인다. 차로 우려내면 맛이 씁쓸하고 진해서 아이들이 먹기 힘들어할 수 있어 대추청을 만들어 조금씩 물에 타서 먹는 방식을 추천한다.
- 작두콩차: 작두콩차는 사실 숙면보다는 호흡기와 비염에 도움이 되는 차다. 비염과 축농증 증상 완화에 도움을 줄 수 있어 코 증상으로 인해 숙면에 방해를 받는 아이들에게 도움이 된다. 맛도 구수하고 좋은 편이라 아이들이 거부감 없이 잘 마실 수 있다.

활동량은 아이 성장의 엔진

운동도 학원에서 배우는 아이들

코로나19 확산 이후에 급격히 살이 찐 아이들이 많아진 이유는 활동량이 줄고 집에 머무르는 시간이 길어지면서 간식 섭취가 늘어났기 때문이다. 그 결과 최근 비만이나 성조숙증으로 진료 및 상담을 하는 경우가 많아졌다. 아이의 키와 체중, 체지방 측정 결과를 두고 앞으로의 성장 및 적정 체중 유지를 위한 상담을 진행할 때 나는 아이의 활동량을 늘릴 수 있는 방법을 찾아야 한다고 설명한다. 그러면 많은 부모가 "그럼 어떤 운동을 시키면 좋을까요? 태권도 보내면 되나요?" 하고 묻는다.

최근 상담했던 한 아이의 경우도 마찬가지였다. 그 아이는 비만은 아니었고 스트레스성 복통과 틱장애로 진료를 받았다. 아이는 공부도 잘하고 본인이 공부하는 것을 좋아한다고 했다. 초등학교 3학년인 아이는 선행학습을 해서 중학교 1학년 진도를 나가고 있다고 했다. 몇 년 전 처음 틱 증상이 가볍게 나타났을 때 어머니도 걱정이 돼서 학습량을 줄일지 아이에게 물어봤는데 아이가 그대로 하고 싶어 해서 줄이지 않고 그대로 지켜봤다고 했다.

그러다 코로나19로 학원을 제대로 갈 수 없게 되자 과목별 과외를 시작했다. 각 과목별로 여러 명의 선생님이 매일 집에 와서 수업을 하고 숙제를 내주고 갔다. 그때부터 아이는 틱장애가 더 심해졌고 거의 매일 복통을 호소했다. 걱정이 된 어머니는 한의원에 와서 치료를 시작하며 어떻게 생활 관리를 할지 물었다.

나는 아이에게 스트레스를 풀 수 있는 기회를 제공하는 것이 중요하다는 것을 설명하며 공부 외에 밖에서 활동할 수 있는 시간을 매일 조금씩이라도 줄 것을 제안했다. 어머니도 그 필요성에 대해서 충분히 공감하며 나에게 물었다. "그럼 어떤 운동 수업을 들으면 좋을까요? 아이가 보드 타는 것을 좋아하는데 보드 수업을 들으면 어떨까요?"

수면과 마찬가지로 부모들은 운동이 건강과 성장에 도움이 된다는 사실을 알고있다. 그러나 이 또한 학업때문에 시간이 모자라서, 운동할 여건이 되지 않아서 등의 이유로 우선순위가 한참 뒤로 밀리는 경우가 많다. 또 만약 운동을 시켜야겠다고 생각을 하더라도 학원을 보내거나 무언가 시간을 크게 할애해야 하는 것으로 생각해서 더 부담스러워 하는 것 같다. 그러나 아이들에게는 일주일에 한 두번 시간을 내어 운동 학원에 보내는 것보다 일상생활 속에서 자연스럽게 활동량을 늘려주는 것이 더 좋다.

운동은 신체와 정신 모두에 필요하다

운동 혹은 정기적인 신체 활동은 우리 모두 알고 있듯이 몸을 튼튼하게 해준다. 꾸준한 활동은 성장판을 자극해서 골밀도를 높이고 근육의 힘을 길러준다. 뼈와 근육이 튼튼해야 아이가 다칠 위험이 줄어들고 근력과 근지구력이 있어야 여러 가지 발달에 필요한 과제를 수행할 수 있다. 앉아서 공부하려고 해도 체력이 필요한 법이다.

또한 운동은 성장호르몬 분비에 대한 강력한 생리적 자극제다. 운동 시작 후 약 15분 이내에 혈장의 성장호르몬이 증가하기 시작하는 것으로 알려져 있다.[33] 운동이 끝나고도 90분 정도는 평상시보다 높은 수준을 유지한다고 하니 매일 고생스럽게 아이에게 주사를 맞게 하는 것보다 더 자연스럽고 건강하게 성장호르몬을 분비할 수 있게 하는 방법이 될 것이다.

아이의 정서적인 부분에도 적절한 신체활동은 도움이 된다. 호주의 멜버른대학교(University of Melbourne)에서 여러 관련 연구를 종합하여 수행한 리뷰 논문을 살펴보면, 다양한 강도의 운동을 하는 것이 청소년의 정신 건강에 도움이 되었는데 특히 우울증과 불안 증상을 줄여주는 것으로 나타났다.[34] 이처럼 꾸준히 신체 활동을 하는 것은 아이의 성장 및 신체와 정서 건강에 모두 긍정적인 영향을 준다.

이렇게 운동이 좋다는 사실을 우리 모두 알고 있지만, 그럼에도 불구하고 사실 아이를 데리고 매일 꾸준히 운동을 하는 것은 정말 쉽지 않다. 아이가 부모의 의도대로 따라주지도 못할뿐더러 아이 운동을 어떻게 시작해야 할지 막막해서 시작할 엄두를 내지 못하는 경우도 많다. 하지만 꼭 거창한 운동이 아니더라도 아이의 활동량을 일정 수준으로 유지시켜 주는 것만으로도 성장판 자극과 근골격계 강화에 도움이 되므로 이와 관련된 부모의 케어가 꼭 필요하다.

연령에 맞는 운동 방법이 있다

세계보건기구(WHO)는 어린이들의 건강 증진을 위해 만 1세 이상이라면 최소 하루 180분 이상 신체활동을 해야 한다고 권고한다.[35] 이 신체활동은 운동뿐만 아니라 어떤 강도(强度)이든 간에 움직임을 가지는 것을 말한다. 만 3세 이하의 아이라면 TV나 핸드폰의 영상을 가만히 앉아서 보는 것과 같은 정적인 활동을 제외한 나머지 활동이 모두 신체 활동의 범주에 속한다고 보면 된다. 어머니와 상호작용을 하고, 걷고, 움직이는 모든 활동의 시간을 다 더했을 때 180분 정도를 권장한다.

만 3세에서 5세 사이의 아이는 총 180분의 신체 활동 시간 중 60분 정도는 중간에서 강한 강도의 활동을 권장하고 있다. 이는 한 번에 60분 정도 이어서 격렬한 운동을 하는 것이 아니라, 하루 종일 조금씩 나누어 활동을 하되 그 시간의 합이 60분 정도라면 충분하다. 여기서 아이의 활동이 중간 강도인지 격렬한 정도인지를 알아야 하는데 이는 부모가 살피고 판단할 수 있다. 미국 질병통제예방센터(Centers for Disease Control and Prevention, CDC)는 아이의 유산소 활동의 정도를 파악할 때 가만히 앉아 있는 것이 0, 가장 높은 수준의 활동이 10이라고 했을 때 중간 강도의 활동은 5~6정도라고 설명했다.

예를 들어 아이가 유치원에 가기 위해 어머니나 친구와 함께 걸어가면서 외부에서 놀이 시간을 갖는 것은 중간 강도에 해당한다. 그러나 아이가 뛰어가거나 술래잡기 등을 하면서 다른 아이를 쫓는다면 그것은 격렬한 강도의 운동에 속한다고 볼 수 있다. 만 6세 이상의 학령기 아이는 하루 60분 이상의 중간에서 강한 정도의 운동을 권장한다. 이 운동에는 달리기나 축구와 같은 격렬한 활동, 근육을 강화하는 클라이밍이나 윗몸일으키기, 팔굽혀펴기 그리고 뼈를 튼튼하게 하는 체조운동이나 줄넘기를 주 3회 이상 포함하는 것이 좋다. 클라이밍이라고 하니 거창하게 들릴 수 있지만 집 근처 놀이터나 운동 시설에서 쉽게 볼 수 있는 철봉, 시소, 그네 정도도 훌륭한 운동 기구가 될 수 있다.

아이의 활동량을 케어하는 세 가지 원칙

어떤 운동이든 아이의 활동량을 케어하는 것에는 세 가지 원칙이 있다. 첫 번째는 한 번에 몰아서 운동하는 것이 아니라 하루 종일 걸쳐서 지속적으로 꾸준히 활동하는 것이다. 하루 종일 앉아서

TV를 보거나 의자에 기대 앉아 활동을 하다가 딱 1시간만 태권도 학원을 다녀오는 것보다는 하루에 걸쳐서 조금씩 다양한 활동을 하는 것이 좋다.

두 번째는 아이를 돌보는 부모나 양육자가 아이와 놀이를 할 때 최대한 몸을 움직이는 활동을 하는 것이다. 특히 아이가 어릴수록 운동 시간이 따로 있는 것이 아니므로 앉아서 하는 정적인 활동보다는 몸을 움직이는 활동적인 놀이를 할 수 있도록 유도해야 한다.

마지막으로 세 번째는 일단 아이가 좋아하는 운동이나 활동을 하는 것이다. 아이의 운동을 전문적인 운동 센터처럼 유산소 운동 몇 분, 근력 운동 몇 분 하는 식으로 나누어서 할 필요는 없다. 아이가 좋아하는 활동을 즐겁게 지속적으로 할 수 있도록 도와주는 것이 가장 중요하다.

성장통이 왔을 때는 이렇게 하자

아이가 직접 몸을 움직이는 활동 외에도 스트레칭이나 마사지를 꾸준히 해주는 것도 좋다. 특히 아직 근육이 약한 아이들은 성장통을 겪는 경우가 많아서 활동이 많았던 날에는 자기 전에 근육을 이완하고 스트레칭을 하는 것이 도움이 된다.

성장통은 주로 만 3세에서 12세 사이의 성장기 아이들에게 나타나며 양 다리에 통증을 호소하는 경우가 많다. 양쪽 발목, 무릎, 허벅지, 종아리뿐만 아니라 팔이나 어깨가 아프다고 하는 아이들도 있다. 성장통은 늦은 오후부터 발생하기 시작해서 밤에 심해지고 자다가 통증 때문에 깨기도 한다. 자고 일어나 아침이 되면 증상이 말끔히 사라지게 되는 것이 특징이며 한쪽 다리만 아프다고 하거나 특정 부위만 아프다고 한다면 성장통이 아닌 다른 질환일 가능성이 있으니 진료를 받아보는 것이 좋다.

성장통 완화를 위해서는 자기 전 스트레칭이나 찜질 등으로 근육을 충분히 이완시켜 주는 것이 필요하다. 따뜻한 물에 몸을 담가 탕 목욕을 잠깐 하는 것도 좋으며, 따뜻한 물을 힘들어하는 아이는 하체만 담그는 반신욕도 좋다. 혹은 따뜻한 수건으로 찜질을 해서 근육을 충분히 이완시킨 뒤 부모가 직접 가볍게 마사지를 한다. 이때 마사지는 근육을 풀어준다는 느낌으로 부드럽게 쓸어주고 만져주면 되는데 이때 성장판을 자극하고 성장통 완화에 도움이 되는 혈자리를 눌러주면 좋다.

온 가족이 함께하기

사실 아이에게는 생활의 모든 활동이 훈련이고 운동이다. 아이들이 외부에서 길을 걸을 때를 보면 주변에 보이는 모든 것이 신기해서 관심을 빼앗기기 일쑤다. 아이들에게는 그 모든 경험이 처음이기 때문일 것이다. 신체활동도 마찬가지로 어른들이 보기에는 아무것도 아닌 동작이나 활동이지만 아이에게는 처음 해보는 것도 많고 아직 약한 근력과 운동 능력으로 수행하는 것이므로 아주

훌륭한 운동이 될 수 있다.

따라서 아이의 성장을 위한 운동을 너무 부담스럽게 생각하지 말고 일단 움직이고 활동하게 만드는 것이 중요하다. 사실 부모도 피곤하고 힘들기 때문에 몸을 움직이기보다는 편하게 앉아서, 누워서 시간을 보내고 싶을 것이다. 그러나 아이에게 조금이라도 몸을 더 움직이는 생활습관을 잡아주는 것이 필요하다.

그리고 이는 부모가 먼저 생활 속에서 부지런히 움직이는 모습을 보여주어야 가능한 일이다. 또 부모와 아이가 함께 운동과 마사지를 하는 시간은 양쪽 모두에게 중요한 정서적 교감을 느낄 수 있는 기회이기도 하다. 당장 오늘부터 아이와 운동하는 시간, 마사지 하는 시간을 하루 한 번 이상 가져보자. 활짝 웃는 아이와 즐거운 시간을 보내면서 아이의 키 성장도 돕는 일석이조의 효과를 누릴 수 있을 것이다.

TIP

성장통 완화에 도움이 되는 혈자리

해당 혈자리뿐만 아니라 신체의 긴장을 풀 수 있도록 몸 전체를 가볍게 만져주는 것도 좋다. 총 마사지 시간은 10분 내외라면 충분하다. 이때 피부에 마찰을 세게 주면 통증이 느껴질 수 있으므로 평소에 사용하는 로션이나 마사지 크림을 사용하여 부드럽게 자극을 주어야 한다.

- 양구혈, 혈해혈: 무릎을 구부린 상태에서 무릎뼈 윗선을 만졌을 때 양쪽으로 움푹 들어간 곳이다. 무릎 주위의 성장판을 자극하고 무릎의 혈액순환을 돕는다.
- 슬안혈: 무릎뼈 바로 아래 양쪽으로 움푹 들어간 곳에 위치한다. 양구혈, 혈해혈과 동일하게 무릎 주위 성장판을 자극하고 무릎 관절을 튼튼하게 한다. 무릎 관절이 약해 오래 걷지 못하는 아이들에게도 도움이 된다.
- 족삼리혈: 슬안혈에서 바깥쪽으로 손가락 두 마디 정도 아래에 위치한다. 이 혈자리뿐만 아니라 종아리 정면 가장 튀어나온 뼈의 바깥쪽으로 평평한 부위 근육을 전체적으로 풀어주면 좋다. 특히 족삼리혈은 소화기를 돕는 중요한 혈자리로 소화기가 약하고 근육의 힘이 약한 아이들에게 도움이 된다.
- 곤륜혈, 태계혈: 발목의 복숭아뼈와 아킬레스건 사이에 위치한다. 바깥쪽이 곤륜혈, 안쪽이 태계혈로 엄지와 검지손가락을 집게처럼 만들어 가볍게 눌러준다. 너무 세게 하면 아이가 아파할 수 있으니 주의한다. 발목 관절을 튼튼하게 하고 발목 주위 긴장을 완화하는 데 도움이 되며 전반적인 신체의 균형을 조절하는 데 좋다.
- 용천혈: 양쪽 발바닥 가운데에 위치한다. 발가락을 구부렸을 때, 발가락 쪽 1/3 지점 움푹 들어간 곳이다. 전신의 순환을 돕고 원기 회복에 도움이 되는 혈자리다. 활동량이 많았던 날, 아이가 유독 피곤해하는 날 자극해주면 도움이 된다.

바른 자세가
바르게 자라게 한다

척추에 켜진 빨간불

나는 척추측만증(척추옆굽음증)이 꽤 심한 편이다. 지금 돌이켜 생각해보면 고등학교 때 양치를 하느라 허리를 숙이고 있던 나에게 뒤에 서 있던 한 친구가 "등이 비뚤다"고 말해준 적이 있는데 그때 이미 상당히 진행이 되었던 것 같다. 당시에는 별로 불편한 것이 없어 '그런가 보다' 하고 지냈는데 지금은 척추측만증과 동반된 골반의 불균형으로 상당히 고생을 하고 있다. 다행히 추나 치료를 열심히 받고 운동도 꾸준히 하고 있어 전보다는 통증이 덜하지만 컴퓨터를 오래 보고 앉아 있거나 운전을 오래하면 등과 허리의 통증이 쉽게 느껴진다.

나에게 척추측만증이 생긴 원인을 생각해보면 아마 바르지 못한 자세와 습관때문이 아닐까 싶다. 초등학교 저학년 때에는 다리를 X자로 꼬고 앉은 것이 멋있어 보여서 자주 따라했었다. 처음에는 다리를 꼬아서 앉으면 오히려 금방 다리가 풀리고 앉아 있기가 불편했는데 한동안 그렇게 앉는 버릇을 들였더니 점차 다리를 꼬아서 앉는 게 더 편하게 느껴졌다. 이 때문에 골반의 좌우 균형이 많이 틀어졌고 양 다리의 길이도 차이가 난다.

또 나는 어릴 때 키가 큰 편이어서 항상 목과 어깨를 숙이고 다녔다. 아직도 기억이 나는데초등학교 6학년 때 키가 이미 160cm가 넘었다. 그때만 해도 그렇게 키가 큰 여자아이가 많이 없어서 사람들의 주목을 많이 받았던 것 같다. 그때마다 무언가 주눅이 들었던 나는 항상 고개를 앞으로 빼고 어깨를 최대한 접어서 다니려고 했다. 물론 척추측만증의 원인이 꼭 바르지 못한 자세 때문만은 아니다. 청소년기에 발생하는 척추측만증의 대부분은 원인을 알 수 없는 특발성으로 알려져 있다. 따라서 생활습관이나 자세는 직접적인 원인이라고 할 수는 없지만 아주 밀접하게 영향을 줄 수는 있을 것이다. 성장기는 아직 뼈와 척추가 완전히 자리 잡지 않은 시기라 바른 자세를 유지하지는 것이 평생의 척추 건강에 아주 중요하다. 성장기가 마무리되지 않은 시기에 척추측만증이나 골반의 불균형으로 인한 부정렬증후군이 발생하면 성장하는 동안 지속적으로 악화되기 쉬워 조기 발견과 치료가 필요하다.

우리 아이 척추, 바른지 확인하는 방법

척추측만증은 척추를 정면에서 봤을 때 일직선이 아니라 옆으로 휘거나 회전된 것을 말한다. 척추측만증과 부정렬증후군이 같이 나타날 수 있는데, 부정렬증후군은 자세가 바르지 않아 나타나는 척추의 비대칭으로 인해 통증이 나타나는 모든 증상을 통칭한다. 청소년기에 척추의 정렬이 틀어지게 되면 척추 관절에 무리를 주고 척추 성장판 자극이 제대로 이루어지지 않아 척추의 길이 성장에도 방해를 받을 수 있다.

특히 코로나19 상황 이후 확대된 온라인 수업의 영향으로 아이들은 바깥에서 활동하는 시간보다 책상과 의자에 앉아 있는 시간이 훨씬 늘어나게 되었다. 좋지 않은 자세로 앉거나 누워 있는 시간이 늘어났기 때문에 척추 건강에는 적신호라고 할 수 있다. 그런데 척추측만증은 처음 나타날 때는 통증도 없고 아무런 자각 증상이 없기 때문에 그것을 알아차릴 수 있을 때는 이미 상당히 진행되어 있는 경우가 많다. 따라서 집에서 이 부분을 평소에 세심하게 관찰하여 조기 발견하는 것이 필요하다. 집에서 아이의 척추측만증 여부를 확인하는 방법은 다음과 같다.

1. 양발을 모으고 무릎을 편 상태에서 천천히 허리를 앞으로 구부려서 몸을 'ㄱ'자로 만든다.
2. 뒤에서 척추를 살펴보았을 때, 좌우 등의 높낮이가 다르지 않은지 척추가 비대칭이거나 한쪽으로 휘어지지 않았는지 확인한다.
3. 이 외에도 바른 자세로 서 있을 때 한쪽으로 어깨가 기울어

보이거나 양쪽 어깨의 높이가 다른지, 양쪽 다리의 길이가 차이 나거나 골반의 높이가 다른지, 한쪽 신발이 유독 빨리 닳는지 등을 살펴본다.

만약 집에서 관찰하였을 때 위와 같은 증상이 보인다면 척추측만증이 맞는지, 그리고 어느 정도 각도까지 진행되었는지를 파악하기 위해 진료를 받아보아야 한다. 청소년기 척추측만증의 경우 보통 추나요법을 통한 교정치료와 생활습관 관리를 통해 더 이상 진행되는 것을 막는 것을 목표로 하며, 3개월 혹은 6개월 간격으로 꾸준히 경과 관찰을 진행해야 한다.

바른 척추를 위해서는

이렇게 척추측만증 진단을 받을 정도이면 이미 나쁜 자세나 습관이 아이에게 자리 잡았을 가능성이 높으므로 미리 선제적으로 올바른 자세를 위한 노력을 하는 것이 중요하다. 앉아있거나 서있을 때 양발에 동일하게 힘이 전달되도록 하고 다리를 꼬고 앉거나 짝다리를 짚고 서지 않도록 한다. 한쪽 턱을 괴거나 한쪽으로 비스듬히 앉는 습관도 고쳐야 한다.

무엇보다 올바르게 앉는 자세를 알고 있어야 한다. 의자에 앉을 때는 엉덩이를 의자 안쪽 끝까지 밀어서 앉고 등을 등받이에 바르게 기댄다. 이렇게 엉덩이를 깊숙이 넣어서 앉았을 때 발바닥이 모두 땅에 닿고 무릎이 90도로 유지될 수 있는 높이로 의자를 조절한다. 얼굴과 시선은 정면을 바르게 향하며 컴퓨터나 책을 볼 때 목과 고개가 앞으로 빠지지 않도록 주의한다. 컴퓨터 모니터는 시선보다 약간 아래에 위치하는 것이 좋다.

의자에 앉아있는 것이 의외로 허리와 척추에 무리가 많이 가는 자세이므로 너무 오랫동안 한 자세로 앉아있는 것을 피하고 한 번씩 일어나 몸을 털고 자세를 바꿔주는 것이 필요하다. 척추가 틀어지는 것을 예방하고 척추 측만을 개선하기 위해서는 척추의 움직임을 안정시키고 척추를 탄탄하게 잡아줄 수 있도록 복부와 몸통의 근육을 훈련시키는 코어(core) 운동을 꾸준히 하는 것이 좋다.

대표적인 코어 운동으로는 윗몸 일으키기, 엎드린 자세에서 복부 힘으로 팔다리를 들어올리는 슈퍼맨 동작, 엎드린 상태에서 팔꿈치를 땅에 대고 몸을 어깨부터발목까지 일직선이 되도록 유지하는 플랭크 동작 등이 있다. 그 외에도 전신의 균형을 잡는 데 도움이 되는 걷기, 자전거 타기, 수영 등의 유산소 운동과 꾸준한 스트레칭 또한 중요하다.

우리 아이의 다리가 휘었을 때는?

아이의 자세와 체형에 대해 논할 때 꼭 빠지지 않고 등장하는 질문 중 하나가 휜 다리다. 흔히 O자형 다리, X자형 다리라고 명명한다. 어느 날 갑자기 아이의 다리가 휜 것처럼 느껴져서 "이것

때문에 다른 문제나 통증이 있지는 않은데 치료를 받아야 하나요, 좀 더 지켜봐도 되나요?" 하는 질문을 하는 경우가 많다.

우선 대부분의 O자형, X자형 다리는 나이에 따라 자연적으로 교정이 되기 때문에 크게 걱정할 필요는 없다. O자형 다리는 양쪽 무릎이 붙지 않고 과도하게 벌어져 있는 형태이고 X자형 다리는 양 무릎이 붙고 양쪽 발목 사이는 벌어지는 형태다. 일반적으로 아이의 나이와 성장에 따라 다리의 모양이 바뀌게 되는데 만 2세 이전에는 O자형 다리를 보이다가 이후 일시적으로 일자 다리가 되었다가 만 3~5세에는 X자형 다리가 되고 이후 만 6세가 넘으면 성인과 같은 일자 다리로 돌아온다.

따라서 이 나이대에 아이가 휜 다리를 가지고 있다면 자연스러운 변화 중 하나이므로 크게 걱정하거나 따로 치료를 받을 필요는 없다. 그러나 해당 나이가 지났는데도 휜 다리가 지속되거나 그 정도가 매우 심한 경우, 뼈 자체가 휘어져보이는 경우에는 다른 질환으로 인한 변화이거나 교정이 필요할 수 있으므로 진료를 받아보아야 한다. 또 양쪽 다리의 차이가 심할 때도 검사가 필요하다.

아이의 곧고 예쁜 다리를 위해서도 자세와 생활습관을 바르게 갖는 것이 중요하다. 특히 바닥에 앉을 때 무릎을 붙이고 발을 바깥쪽으로 빼는 W자 형태의 자세를 피하도록 해야 한다. 일시적으로 X자형 다리가 되는 만 3~5세에는 이 자세가 편하게 느껴져 바닥에 앉을 때 습관적으로 이런 자세를 취하는 아이들이 많은데, 이렇게 습관이 되면 다리에 지속적인 변형이 올 수 있으므로 주의한다. 또 걸음을 걸을 때 발끝을 앞쪽 정면을 향하도록 하여 바깥쪽으로 향하는 팔자걸음이나 안쪽으로 향하는 걸음이 되지 않도록 지도한다. 저녁에는 다리를 일자로 곧게 펼 수 있도록 마사지를 해주는 것도 좋다. 엉덩이 관절, 무릎, 발목 주위 관절을 풀어주고 다리를 반듯하게 펼 수 있도록 눌러준다.

숨은 1cm를 찾아주자

아직 성장하고 있는 아이들의 뼈는 한 번 문제가 발생하면 지속적으로 성장하고 변화하면서 그 문제가 더욱 악화될 수 있다는 점에서 주의가 필요하다. 또한 골격과 체형은 한 번 틀어지기 시작하면 되돌릴 수 없기에 처음부터 좋은 자세를 갖는 것이 중요하다.

성장기가 마무리될 시기가 되면 키 1cm가 소중하게 느껴지기 마련이다. 곧은 척추와 다리는 그 숨은 1cm를 찾아줄 수 있는 마지막 퍼즐이라고도 할 수 있다. 그리고 올바른 자세는 그 사람의 외적인 분위기를 결정하기도 한다. 거북목증후군으로 인해 목이 앞쪽으로 쭉 빠져 있는 사람과 목과 어깨가 꼿꼿하게 펴져 있는 사람은 첫인상마저 다르게 느껴진다. 그러나 문제는 아이들이 스스로 바른 자세의 중요성을 인식하기는 어렵다는 점이다. 따라서 부모가 옆에서 처음부터 바른 자세가 습관이 되도록 지도해주어야 한다. 바른 자세야말로 세 살 버릇이 여든까지 가는 대표적인 좋은 습관이다.

규칙적인 생활 패턴 만들기

아이 하나에 딸린 보호자만 여섯 명

우리 한의원은 전체 크기에 비해 대기실이 넓은 편이다. 이는 소아 환자가 많다 보니 생긴 특성인데 아이 한 명에 보호자가 적어도 두세 명은 같이 오는 경우가 많기 때문이다. 보통 부모님이 같이 오는 경우가 가장 많지만 요즘에는 조부모님이 아이를 돌봐주시는 가정도 많아 조부모님이 같이 오시기도 한다. 출산율이 낮아지면서 아이 한 명에게 온 가족의 관심이 집중되기도 해서 친가 쪽 조부모님, 외가 쪽 조부모님이 모두 오시거나 이모, 이모할머니 등 모두 함께 내원하시는 경우도 있다.

많은 가족과 내원했던 한 아이가 특히 기억에 난는다. 그 아이가 처음 내원했을 때 양가 조부모님 네 분과 부모님까지 여섯 분의 보호자가 같이 왔다. 아이의 어머니와 상담하는 동안 진료실은 아수라장에 가까웠다. 보호자 여섯 분이 평소 걱정됐던 부분에 대해

각자 얘기하고 있어서 일단 나도 정신이 없었는데, 이 와중에 아이가 병원에 들어온 순간부터 큰 소리로 울고 짜증을 내고 있었다. 키와 체중 측정도 거부했고 계속 한의원 밖으로 나가려고 했다. 진찰 중에도 안고 있어 주는 어머니로부터 빠져나가기 위해 발버둥 치면서 온 힘을 다해 울었다.

무법천지가 되어버린 진료실

진료가 시작되었지만 정상적인 진찰이 불가능했다. 아이는 무작정 울고 짜증을 내다가 갑자기 아버지한테 가겠다고 떼를 썼다. 그러자 어머니는 진찰을 중단시키고 일어나 아버지에게 아이를 안게 한 뒤 다시 의자에 앉혔다. 그랬더니 아이는 이제 울면서 할머니에게 가겠다고 하고, 또 아이를 할머니가 바꿔 안고 할아버지, 다시 어머니에게 오기까지 계속 울면서 짜증을 냈다.

아이의 행동은 정말 아버지한테, 할머니한테 가고 싶었던 것이 아니라 본인이 두려운 상황에서 벗어나기 위한 행동이었을 것이다. 그러나 진료실에 있던 여섯 분의 보호자 모두 "아이구, 그랬어. 할머니한테 오고 싶었어. 우리 아기 많이 힘들지. 괜찮아, 괜찮아"를 연발하며 아이의 요구를 들어주기 바빴다.

아이가 발버둥을 치면서 나와 우리 직원을 발로 차고 때리고 주변에 있는 물건을 던지는 것에도 아무런 제지를 가하지 않았다. 이후에 한의원에서 진행되는 치료를 받을 때도 보호자가 아이를 제대로 케어하지 못하고 아이의 요구에 보호자가 이끌려 다니는 모습이었다.

진료 중 이런 경우를 많이 본다. 아이들은 병원에 오는 것을 대체로 무서워하는 경향이 있어서 진료실에 들어오면 떼를 쓰고 울고 칭얼거리며 힘들어하는 경우가 있다. 이때 아이에게 상황 설명을 하고 양육자가 아이를 적절히 컨트롤하면서 필요한 진료 과정을 진행하는 부모도 있고, 우는 아이에게 쩔쩔매면서 아이의 요구를 다 들어주고 어떠한 훈육도 하지 않는 경우도 있다. “제발 한 번만 코 안을 보고 가자”고 아이에게 부탁을 하고 잘하고 가면 사탕을 먹게 해주겠다거나 장난감을 사주겠다고 부모가 거의 아이에게 애원을 하는 모습도 많이 보게 된다.

아이의 무너진 생활습관

‘이런 아이들이 집에서는 밥을 제시간에 맞춰서 뚝딱 먹어내고 잠을 잘 잘 수 있을까?’ 진료 의자에 겨우 앉은 그 아이를 보면서 내 머릿속에 가장 먼저 든 생각은 이것이었다. 보호자와 면담을 하자, 그렇지 않다는 사실이 금세 드러났다. 아이는 식사 시간이 되어 밥을 주면 몇 번 받아먹다가 짜증을 내고 식탁에서 벗어나기 일쑤라고 했다.

양육자가 겨우 달래가며 영상을 보여주면서 억지로 떠먹여주지만 본인이 좋아하는 것이 아니면 모두 거부한다고도 했다. 처음 보는 음식에는 손도 대지 않고 다 뱉어냈으며 대신 우유나 과자 등 간식을 많이 먹고 있었다. 부모도 "당연히 간식을 줄이려고 노력을 했는데 아이가 원하는 것을 주지 않으면 줄 때까지 울고 화를 내어 주지 않을 수가 없어요" 하며 한숨을 쉬었다.

게다가 그 아이는 수면에도 문제가 있었다. 잠이 올 때마다 울고 짜증을 내며 잠들지 않으려고 노력했고 자다가도 여러 번 깨고 울면서 숙면을 취하지 못했다. 새벽에 깨서 우는 아이는 우유를 먹이는 것 외에는 달랠 수 있는 방법이 없어 새벽에도 우유를 100~200ml 정도를 먹고 있었다. 이렇게 밤을 보낸 아이가 아침에 일어나면 배가 고프고 입맛이 돌면서 무언가를 먹고 싶다는 욕구가 생기기는 어려울 것이다.

그러다 보니 아침은 먹는 둥 마는 둥 하다가 식사 시간을 놓치고 이후 간식이나 우유를 섭취한다. 이후 점심시간이 되면 또 간식을 많이 먹어서 배가 고프지 않기도 하고 굳이 밥을 먹어야 할 필요성을 느끼지 못하는 아이는 밥은 거부하고 우유를 찾는다. 점점 식사 시간이 뒤로 미뤄지고 저녁을 먹은 뒤에도 우유나 간식을 먹은 아이는 잠에 드는 것도 늦어지고 중간에 자주 깨기도 쉽다. 이렇게 수면과 세 번의 식사로 만들어져야 할 하루의 패턴이 완전히 무너지는 것이다.

식사, 배변, 수면은 서로 연결되어 있다

아이의 건강과 올바른 성장을 위해서는 하루의 생활 패턴이 건강한 형태로 자리 잡는 것이 매우 중요하다. 수면의 질은 엉망인데 밥은 잘 먹는다거나, 반대로 식사 패턴은 완전히 무너져 있는데 아무런 문제 없이 세상 모르고 자는 아이는 많지 않다. 밤이 되면 잠을 자고 하루의 피로를 풀고 다음 날 개운하게 일어나 아침, 점심, 저녁 하루 세 끼의 식사를 적절하게 해내는 것은 기초 중의 기초다.

여기서 문제는 이 생활 패턴이 저절로 생기는 것이 아니라는 것이다. 따로 가르치지 않아도 아이가 본능적으로 밤에는 자고 낮에는 일어나 활동을 하면서 세 번의 식사를 해내는 게 당연하다고 생각하는 부모들이 있다. 하지만 아이는 저절로 그렇게 되는 것이 아니라 부모의 교육과 훈육을 통해 사회적으로 통용되는 생활 패턴을 배우고 익히는 것이다.

물론 비교적 쉽게 이러한 패턴이 만들어지는 순한 기질의 아이도 당연히 있다. 그러나 이것이 자연스럽게 형성되지 않는 까다롭고 예민한 기질의 아이도 많다. 이러한 아이들은 기본적으로 정서적인 불안이나 긴장의 수준이 높은 경우가 많다. 겁이 많기 때문에 어쩌면 본능적으로 스스로를 보호하기 위해 아무것이나 잘 먹지 못하고 본인이 확실히 아는 것 위주로 먹으려고 한다. 비위가 약해 입이 짧고, 먹는 양 자체가 적은 경우도 많다.

수면 문제 또한 아이가 스스로 자는 것을 거부하는 것처럼 보이기도 한다. 아직 어린아이들은 내일이 연속된다는 시간 개념이 약할 수 있다. 지금 잠을 자고 일어나면 내일이 이어지는 것이 아니라 무언가 단절되는 것으로 생각하기 때문에 기질적으로 불안과 긴장이 높은 아이들은 잠드는 것을 무서워하기도 한다. 자다가도 깊이 숙면을 취하지 못하고 자꾸 깨서 울거나 잠꼬대를 하는 등 수면의 질이 나쁜 경우도 많다.

더불어 이러한 아이들 중에 변비 증상을 같이 가지고 있는 경우가 있는데, 먹는 양이 적고 밥과 반찬보다는 과자, 우유 등 변비를 유발하기 쉬운 음식 위주로 먹는 것도 영향이 있겠지만 아이가 배변하는 것을 어떤 이유에서든 무서워해서 일부러 참는 경우도 많다. 하지만 배변이 제대로 되지 않으면 식욕 저하가 오기 쉽다. 이렇게 식사, 배변, 수면은 서로 영향을 주게 되고 그중 한 가지만 나빠져도 전체가 무너질 수 있는 것이다.

사랑과 훈육 구별하기

요즘 진료를 보면서 이렇게 수면과 식사, 배변에 모두 어려움을 겪고 있는 아이들을 꽤 자주 본다. 모두가 그런 것은 아니지만 그러한 경향의 아이들은 불안과 긴장이 높아 짜증을 많이 내고 양육자가 아이를 다루기 어려워하는 경우가 많다. 그러다 보니 보호자는 예민하고 기복이 심한 아이에게 훈육을 하지 않는다. 그저 아이의 요구를 따라가면서 아이의 기분을 맞춰주기에 급급하다.

물론 이것이 부모의 문제라고 생각하지 않는다. 부모가 처음부터 훈육은 하지 않고 아이의 요구를 다 맞춰주어야겠다고 마음먹지는 않았을 것이다. 그러나 예민하고 까다로운 기질의 아이를 키우다 보면 그것을 일일이 교정하는 것이 사실 정말 어렵다. 또 아이가 짜증을 내고 감정을 분출하게 되면 그것을 감당하는 것이 어렵고 외부에 있거나 다른 사람들과 함께 있다면 현실적으로 그 자리에서 훈육을 하는 것이 쉽지 않다.

이런 경험이 쌓이다 보니 자연스럽게 아이의 기분을 맞춰주려고 노력하고 훈육은 점점 미루게 된다. 그 결과 부모는 아이에게 양육자로서의 권위를 잃게 된다. 물론 처음부터 친구 같은 부모가 되고 싶어 훈육은 하지 않는 것으로 방침을 정한 경우도 있겠지만 말이다. 여기서 말하는 '권위'는 아이를 무조건 부모 말에 순종적으로 행동하도록 압력을 가하자는 것은 당연히 아니다. 부모는 양육자로서의 위치를 명확하게 하고 기본적인 생활 패턴과 규율은 단호하게 가르쳐야 한다는 것이다. 무조건 편하고 부드럽고 칭찬만 해주는 친구 같은 부모가 아이에게 도움이 되는 것은 아니다. 아이가 사회에 나아가 올바르게 적응할 수 있도록, 그리고 아이의 건강한 삶의 패턴을 위해서 가르칠 것은 가르쳐주어야 한다.

하루의 패턴에서 가장 우선시되어야 하는 것은 수면이다. 잠을 푹 자고 일어나야 다음 날 입맛이 생기고 밥을 먹기가 수월하다. 그다음으로는 하루 세 번, 정해진 시간에 정해진 장소에서 밥을 먹는 습관을 잡아주어야 한다. 이때 아이에게 밥을 먹어달라고 부탁하고 애원하는 것이 아니라 부모는 아이에게 올바른 식습관을 제시하고 반복적으로 그것을 연습하여 체득할 수 있는 환경을 만들어주는 것이다. 이렇게 수면, 식사의 리듬이 안정적으로 만들어져야 아이의 정서도 훨씬 안정될 수 있고 당연히 성장에도 플러스 요인이 된다.

옛날 어른들은 아이가 잘 먹고, 잘 자고, 잘 싸기만 해도 건강한 것이라고들 했다. 이 말은 현재도 유효하다. 아이 성장의 기본은 먹고, 자고, 싸는 패턴이 원활하게 자리 잡는 것이다. 그래서 많은 부모가 잘 먹이고, 잘 재우기 위해 애쓰고 있다.그러나 이 과정을 아이에게도 가르쳐줘야 한다는 사실을 잊고 있는 것 같다.

아이는 어느 날 갑자기 생활 패턴을 익힐 수 있는 게 아니다. 이는 부모가 아이를 훈육하고 건강한 패턴에 익숙해질 수 있도록 반복적으로 훈련을 시켜야 하는 부분이다. 그 과정이 매우 힘들고 지루하겠지만 의외로 아이들은 한 번 익숙해진 규칙에 대해서는 잘 유지하는 경우가 많다. 그러니 일단 아이의 생체 시계를 바로잡는 연습을 시작해보기를 추천한다.

눈이 나빠지는 아이들

아이의 시력 어떻게 보완해야 할까?

진료를 보다 보면 어린 나이에도 시력 교정을 위한 안경을 쓰는 아이들을 자주 보게 된다. 예전과 비교해서 점차 안경을 쓰는 아이들의 수도 늘고, 처음 안경을 착용하는 연령도 낮아지고 있는 것 같다. 질병관리청의 '국민건강영양조사' 결과를 보면, 근시의 유병률은 2008년 34.9%에서 2017년 49.4%로 크게 증가했다. 특히 건강보험심사평가원에서 발표한 어린이 다빈도 질병 열 가지 중 근시(눈의 굴절 및 조절의 장애)가 포함되었고 전체 환자 중 5~14세 환자의 비율이 35%일 정도로 아이들에게 문제가 되는 질환 중 하나다.

아이들의 근시는 TV 및 컴퓨터·스마트 기기에의 노출과 생활환경의 변화로 인해 성장기 어린이들에게 큰 문제가 되어왔다. 더욱이 작년부터 시작된 온라인 수업의 영향으로 컴퓨터나 스마트 기기를 사용하는 시간은 더 늘어나게 되었다. 온라인으로 수업을 듣고 숙제와 학습을 하다 보니 무작정 컴퓨터나 스마트 기기의 사용을 제한할 수도 없는 노릇이고, 그렇다고 하루 종일 스마트 기기를 들여다보고 있는 아이를 말리지 않을 수도 없어 고민하는 부모가 많다.

온라인 수업은 앞으로도 지속적으로 확대될 것이고 우리 아이들의 세대에는 영어보다 프로그래밍 언어가 더 중요하다고 할 정도로 스마트 기기의 사용의 확대는 뉴노멀(new normal)로 자리 잡을 것이다. 따라서 아이의 시력 건강이 나빠지지 않도록 올바른 사용법을 습관화할 수 있게 해야 할 것이다.

근시, 빨리 알아챌수록 좋다

근시는 먼 곳은 잘 보이지 않고 가까운 곳이 잘 보이는 경우다. 눈이 어떤 물체를 보려면 카메라로 사진을 찍을 때 렌즈의 초점을 맞추는 것처럼 상이 맺히는 위치를 조절하여 초점을 맞춰야 하는데, 먼 곳에 있는 물체를 볼 때는 조절이 잘 되지 않고 가까이 있는 물체를 보는 것에 적응되어 있는 것이다. 아무래도 가까이에 있는 책, TV, 핸드폰을 보는 시간이 늘어나면서 눈이 가까이에 있는 것을 보는 것에만 익숙해지는 것으로 이해하면 쉬울 것이다.

사실 도시에서 살다 보면 어른이나 아이나 무언가 멀리 있는 것을 볼 일이 거의 없다. 의식적으로 고개를 들어 멀리 있는 하늘이나 산을 바라보려고 하지 않으면 습관적으로 내 눈앞에 있는 사람,

화면에만 집중하게 된다. 따라서 아이들의 근시는 어느 정도 진행된 이후에도 알아채기 어려운 경우가 많다. 멀리 볼 일이 별로 없기 때문이다. 또 시력이 떨어져 멀리 있는 것이 흐리게 보여도 아이가 그것을 문제 있는 것으로 인지하기가 어렵기도 하다. 그래서 초등학교에 입학해서 멀리 있는 칠판이 잘 안 보인다고 하거나 멀리 있는 것을 볼 때 눈을 찡그리는 습관을 보이면 그때 시력 검사를 통해 근시인 것을 알게 되는 경우가 많다.

요즘에는 아주 어린 나이에도 근시나 혹은 난시, 원시 등 다른 시력의 문제를 가지고 있는 경우가 있어서 영유아검진 시 시력 검사도 꼼꼼히 받아보는 것이 필요하다. 아이들은 아직 성장하고 있기 때문에 안구의 길이도 점점 길어지게 된다. 따라서 어린 나이에 근시가 발생하면 안구가 길어질수록 근시의 정도가 악화될 수 있다. 이때는 다시 눈을 좋아지게 하는 것은 사실상 어렵고 더 이상 시력이 나빠지지 않도록 하는 관리가 필요하다.

가성근시에 안경부터 쓰는 것은 금물

또 주의해야 하는 것은 가성근시(假性近視)다. 가성근시는 실제 영구적인 근시가 진행된 것은 아니고 오랫동안 가까운 거리를 보는 것에 집중하면서 일시적으로 근시 상태가 되는 것을 말한다.

무언가를 보기 위해 눈의 초점을 조절할 때 눈 주위의 근육이 짧아졌다 길어졌다를 반복하며 초점을 조절하게 되는데, 가까운 곳을 볼 때는 이 근육이 주로 수축하게 된다. 근육이 수축된 상태로 오랫동안 고정되다 보니 쉽게 이완이 되지 않는 것이다.

이때 영구적인 근시로 생각해 시력 교정을 위한 안경을 맞추게 되면 그 상태로 눈이 적응을 해버려서 진성근시로 발전될 수 있어 주의해야 한다. 따라서 아직 성장기에 있는 아이들은 처음 시력 검사를 통해 근시 진단을 받게 되면 조절 마비 검사를 함께 시행하여 진성근시인지 가성근시인지 정확하게 파악하는 것이 필요하다.

집에서 할 수 있는 눈 건강 습관

근시는 아이들에게 아주 오랜기간 생활상의 불편함을 겪게 하기도 하고, 장기적으로는 녹내장이나 백내장 등 노인성 안질환이 발생할 확률을 높이기도 한다. 그러나 근시를 예방하거나 진행을 억제할 수 있는 치료법은 아직 정확하게 밝혀진 것은 없다. 따라서 다른 여러 생활질환과 마찬가지로 좋은 습관을 가지고 미리 케어를 하는 것이 필요하다.

가장 중요한 것은 지속적으로 가까운 것만 보는 패턴에서 벗어나는 것이다. 앞서 언급한 것처럼 사실상 도시에서 사는 아이들은 의식하지 않으면 멀리 볼 일이 별로 없다. 따라서 40~50분 정도 가까운 곳을 보면서 작업을 했다면 10~20분 정도는 멀리 보는 시간을 가지는 것이 필요하다. 그리하면 수축된 눈 근육을 이완하고 시력의 균형을 맞추는 데 도움이 된다.

온라인 수업 중에도 쉬는 시간에는 그대로 앉아서 화면을 보게 하는 것이 아니라 자리에서 일어나 몸도 움직여주고 눈도 쉬게 해주어야 한다. 이때 가능하면 창밖 먼 곳에 보이는 산이나 하늘이나, 하다못해 멀리 있는 건물이라도 보면서 평소와는 달리 먼 곳의 물체에 집중하는 시간을 가지는 것도 좋다. 독서를 할 때는 너무 가까이 보지 않도록 하고 컴퓨터 작업을 할 때도 화면이 너무 어둡거나 밝지 않고 주변과 비슷한 밝기를 보이도록 조절해서 눈의 피로를 덜어주어야 한다.

눈 운동은 이렇게

평소 눈 근육을 풀어주는 간단한 눈 운동이나 눈 주위 마사지를 해주는 것도 도움이 된다. 우선 눈을 감은 채로 약 10초간 휴식한다. 이후 눈을 감은 상태에서 눈동자를 상하좌우로 굴려주는데 약 10회 정도 반복하고 마찬가지로 10초간 휴식한다. 눈을 뜨고 하면 아이에 따라 어지러움을 느끼기도 하니 주의한다.

다음으로는 눈앞에 검지 손가락을 펴서 가까운 곳에 한 번 초점을 맞추고 다음으로는 창 밖 멀리 있는 물체 하나를 정해 먼 곳에 초점을 맞추고 다시 가까운 곳, 먼 곳을 반복적으로 바라보며 눈 운동을 해준다. 이후에는 눈을 감고 눈썹뼈 안쪽에서부터 바깥쪽으로 안구 주변의 뼈가 있는 부위를 손가락으로 꾹꾹 누르며 지압을 해준다. 이 부위에는 눈 건강에 좋은 혈자리가 많이 분포하고 있으므로 눈 주위, 눈썹뼈 등을 충분히 자극하여 주면 도움이 된다. 이렇게 총 3분에서 5분 정도 눈 운동과 눈 주위 마사지를 해주면 눈의 피로를 풀고 근육을 이완시키는 데 도움이 된다.

나빠지기 전에 지키자

세계보건기구(WHO)는 2019년 발표한 '전 세계의 시력 현황 보고서'에서 한국을 포함한 동아시아 국가의 근시 수준이 가장 나쁘다고 경고했다. 한국 대도시에 살고 있는 청소년의 약 97%가 근시를 겪고 있는 것으로 추정됐다.[36] 이렇게 근시를 겪는 아이들이 많지만, 내 아이에게 안경을 씌우는 것은 부모에게 참 속상한 순간이다. 부모는 '관리를 잘못해준 내 탓인가? 혹은 시력은 유전이 된다던데 눈이 나쁜 부모 때문인가?' 하고 아쉬워하는 경우가 많다.

시력 문제 중 특히 난시는 가족력이 있는 경우가 많아 부모에게 시력 문제가 있다면 더욱 면밀한 생활 관리가 필요한 것이 사실이다. 그러나 최근 증가하는 아이들의 근시나 난시의 문제를 모두 유전으로 보기에는 무리가 있고 환경적인 요인이 복합적으로 작용하는 것으로 보는 편이 더 합리적일 것이다. 또 부모의 눈이 나쁘다고 해서 이것이 100% 유전되는 것은 아니기 때문에 후천적인 관리가 그만큼 중요하다고 할 수 있다.

근시와 같은 시력 문제, 앞에서 언급한 척추측만증 그리고 모든 성장의 문제는 아마도 한정된 시간이 있고 그 시간이 지나면 돌이

키기 어렵기에 부모에게 더욱 안타깝게 느껴지는 것 같다. 그러니 나중에 후회하지 않도록 지금 아이에게 바른 습관을 선물하자. 성장기에 어떤 습관을 가지는지가 10년 뒤 아이의 키, 자세, 시력을 결정하고 더불어 평생의 건강에 소중한 열쇠가 된다.

TIP

눈 건강을 위한 조언

눈 건강을 위해서는 적당한 햇빛 노출과 야외활동이 필요하다. 자외선과 햇빛은 무조건 눈에 나쁘다고 알고 있는 경우가 많은데, 오히려 적절하게 햇빛에 노출된 아이들이 근시가 될 확률이 낮다는 연구 결과가 있다.[37] 그리고 야외활동을 할 때는 자연스럽게 멀리 있는 것과 가까이 있는 것을 번갈아 보게 되므로 더욱 도움이 된다.

결명자차를 마시는 것도 도움이 된다. 결명자는 《동의보감(東醫寶鑑)》에 눈을 밝게 한다고 나와 있을 정도로 눈 건강에 대표적인 약재 중 하나다. 결명자를 볶아서 차로 우려내 복용하면 도움이 되는데, 어른들이 먹기에는 맛이 고소하고 괜찮지만 아이가 먹기에는 약간 쓴맛이 느껴질 수 있다. 이때에는 보리차 등을 5:5 정도로 섞어서 마시도록 하고 아이가 적응하면 점차 결명자차의 비율을 높이도록 한다. 씨앗이다 보니 기름 성분이 있어 평소 설사가 잦은 아이는 장기간 복용하지 않는 것이 좋다.

5장

마음 면역력 홈케어

우리 아이
지금 우울한 걸까?

스트레스 때문인지 신체 질환인지 구별하기

코로나19 이후로 호흡기 환자가 줄어든 반면에 신경성 증상을 호소하는 아이들은 증가하고 있다. 아무래도 아이들이 자유롭게 밖에 나가서 놀고 스트레스를 해소할 만한 기회가 줄어들었기 때문이 아닐까 싶다. 그러나 아이들이 신경성 질환을 보일 때 이것이 정서적 자극이나 스트레스 때문에 생긴 것이라고 부모가 인지하는 시점이 생각보다 늦는 경우가 많아 주의가 필요하다.

몇 달 전 내원한 한 아이의 경우도 그랬다. 일곱살 여자아이였는데, 아이의 어머니는 처음 내원했을 때 갑자기 생긴 야뇨증에 대해 상담을 원했다. 아이가 그동안 밤에 소변을 잘 가렸는데 최근 2주 정도 거의 이틀에 한 번씩 소변 실수를 했다는 것이다. 이 경우 먼저 체크되어야 하는 비뇨기과 질환 등에 대해서는 이미 소변 검사 및 기본적인 검진을 했고 이상이 없다는 소견을 들었다고 했다.

기질적인 문제가 없는 경우 아이들의 소변 문제는 정서적인 자극의 영향을 받아 발생할 때가 많다. 그래서 최근 아이에게 생긴 환경 변화나 스트레스 상황이 있었는지 물었는데 그런 것이 전혀 없다고 답했다. 어머니는 "스트레스나 정서적으로 문제가 될 것이 전혀 없고 매우 착하고 성실한 아이에요"라고 거듭 강조하며 그저 아이가 몸이 약해서 그런 것 같으니 보약을 지어달라고 했다. 나는 우선 문제가 발생한 지 오래되지 않았기 때문에 "혹시 아이가 불편해할 만한 상황이 있는지 확인해보세요"라고 조언했다. 이후 야뇨증 개선을 위한 생활 관리 방법을 티칭하고 경과를 지켜보기로 했다.

원인은 의외로 다른 곳에서 발견된다

그로부터 한 달 정도 지난 뒤, 아이와 어머니가 다시 내원했다. 다행히 야뇨증은 그 이후로 생활 관리를 잘했더니 금방 없어졌다고 했다. 그러나 아이는 다른 증상을 보이고 있었다. 사소한 일에도 짜증을 내거나 불안해하고 툭하면 운다고 했다. 특히 유치원에 가야 하는 날에 많이 힘들어하면서 어느 날은 짜증을 내기도 하고, 어느 날은 불안해하기도 하며, 유치원에서도 계속 집에 전화를 걸고 집에 가고 싶다고 울기도 한다는 것이었다. 이는 집에서도 이어져 어머니가 눈에 안 보이면 바로 울거나 힘들어하고 사소한 일에도 짜증을 내는 일이 늘었다.

이번에도 여전히 큰 환경 변화는 없다고 했다. 그러다가 "네 살인 동생이 있는데 동생이 태어났을 때 많이 불안해하고 힘들어했어요. 그런데 지금은 특별히 동생 때문에 스트레스를 받는 것 같지는 않아요. 한 번씩 '엄마는 왜 동생만 좋아해?' 하고 물을 때가 있었지만 저는 대수롭지 않게 생각했어요"라고 설명했다. 그러면서 혹시 그것이 아이를 힘들게 했을지 물어왔다.

물론 무엇이 아이의 정서에 영향을 주었을지 정확히 알기는 어렵지만 일단 지금 아이의 정서 상태가 건강한 상황은 아니라는 것을 인지해야 한다고 설명했다. 어머니는 "그러고 보니 아이가 짜증 낼 때는 동생과 관련된 경우가 많았고 특히 제가 동생과 둘만 시간을 보내는 것을 불안해하거나 우는 경우가 많았던 것 같아요"라고 했다. 아이는 전체적으로 굉장히 착하고 바른 아이였고 부모가 걱정할 만한 일을 거의 하지 않는 아이라서 무언가 스트레스를 받고 있을 것이라는 생각을 하지 못했다고 말씀하셨다.

아이들의 짜증은 그저 성장 과정일까?

사실 부모라고 해도 아이가 스트레스를 받고 있고 정서적인 문제를 겪고 있다고 인지하는 것은 어려운 일이다. 또 아이들의 짜증, 불안, 우울, 무기력 등을 질환이 아닌 그저 지나가는 한 증상이나 아이의 특성으로 여기기도 쉽다. 짜증을 많이 내는 아이라면 아이의 기질이 예민해서 짜증을 많이 낸다고 생각하거나 초등학생 이상이면 그저 사춘기가 와서 그렇다고 생각하는 것이다.

혹은 아이가 무기력해하면 몸이 약해서, 밥을 안 먹어서, 체력이 약해서 그런 것이라고 생각하고 밥을 더 먹이려고 하거나 무작정 보약을 지어 먹이려고 하는 경우도 많다. 또 아이의 증상이 정서적인 변화뿐만 아니라 신체에도 나타나기 때문에 더욱 그 원인을 짐작하기가 어렵다. 그나마 아이가 짜증, 우울 등 정서적인 증상을 보이면 스트레스가 원인이 되지 않을까 생각할 수 있지만 복통, 미식거림, 구토, 두통, 어지럼증, 소변 및 대변 문제, 수면 문제 등 신체 증상으로 나타나면 그것이 스트레스 반응이라고 바로 인지하기가 어렵다. 아이가 배가 아프다고 하면 보통 '먹은 음식에 문제가 있거나 아이의 소화기가 약한가 보다' 하고 생각하지, 원인이 스트레스일 거라고 단번에 알아채기는 어려울 것이다.

마음이 아픈 아이들 알아채는 법

점차 아이들의 신경정신 관련 문제가 증가하는 추세다. 코로나19 전에도 그랬지만 코로나19가 이를 더 가속화시켰다고 볼 수 있다. 건강보험심사평가원의 빅데이터 자료에 따르면 우울증으로 진료를 받은 만 14세 이하의 아이는 2016년 5,800여 명에서 2020년 9,600여 명으로 증가했다. 꼭 우울증이라는 진단을 콕 집어서 받지는 않더라도 다른 종류의 정신질환이나 신경성 증상으로 진료를 받은 아이들을 더하면 그 숫자는 훨씬 더 많을 것이다.

특히 코로나19를 계기로 전반적인 사회 분위기가 경직되고 양극화는 심화되고 있다. 부모의 삶 역시 쉽지 않다 보니 아이들을 대하는 것에 여유가 없어지고 가정 내 억압적인 분위기가 형성되기 쉬워졌다. 혹은 부모가 '아이는 이런 힘든 상황을 겪지 않았으면' 하는 마음에 아이의 학업과 발달을 다그치기도 한다. 이 모든 변화의 과정에서 아이는 정서적인 자극이 원인이 되는 여러 증상을 겪게 될 수 있다. 그러므로 '우리 아이가 무슨 스트레스를 받겠어? 다 잘 되라고 하는 일인데' 하고 생각하기보다는 아이가 평소와는 다른 감정 상태를 보이거나 신체 증상을 보인다면 스트레스성 질환은 아닌지에 대해서 한 번쯤은 고려를 해보는 것이 좋다.

특히 아이의 우울증은 우리가 흔히 생각하는 성인의 우울증처럼 무기력, 우울한 기분, 죄책감, 피로감 등의 증상만으로 나타나지 않는다. 아이들의 감정과 기분이 나타나는 방식은 어른과 달라 부모가 예상하기 어려울 수 있기 때문에 이에 대한 면밀한 관찰이 필요하다. 아동기 우울증은 슬프고 무기력하기보다는 짜증을 많이 내거나 과민한 기분, 과다행동, 기타 문제 행동이나 부모에 대한 반항, 공격적인 행동으로 나타나는 경우도 많다. 연령이 어릴 때는 초조나 불안의 감정으로 표현되어 손가락 빨기, 분리불안, 더 어린 아기처럼 행동하는 퇴행현상으로 나타날 수 있다. 또 아이는 아직 우울하다는 감정을 정확하게 알지 못해서 그냥 재미가 없다거나 피곤하다는 말로 자신의 상태를 표현하기도 한다.

아이의 최근 2주 정도의 변화를 돌이켜봤을 때, 평소보다 짜증이 늘거나 산만해진 경우, 놀이나 활동에 관심을 보이지 않는 경우, 전보다 급격히 적게 먹거나 많이 먹는 경우, 불면 혹은 과다 수면, 잘 웃지 않고 무표정한 경우 등은 주의를 가지고 살펴봐야 한다. 또 두통이나 복통 등을 자주 호소한다면 증상이 생기거나 심해지는 시간대를 파악해 진료에 참고할 수 있도록 하는 것이 좋다.

마음의 성장통, 관리가 필요하다

어떤 부모라도 아이가 스트레스를 받고 있고 정서적인 자극으로 인해 문제가 발생하고 있다는 말을 들으면 마음이 좋지 않을 것이다. 혹은 부모님 중에 "이렇게 어린아이가 무슨 스트레스를 받나요?" 하고 반문하는 경우도 많다. 그러나 아이이기 때문에 더욱 스트레스와 정서적인 자극을 받기 쉽다는 사실을 이해해야 한다. 아이는 일상생활의 많은 일 중에 처음 해보는, 익숙하지 않은, 그래서 잘 모르는 사건을 겪을 확률이 어른보다 높다. 그러므로 어른들이 생각하기에는 그게 무슨 자극이 되는지 이해가 되지 않는 아주 사소한 일도 크게 느껴질 수 있다.

큰 태풍이 왔을 때 천둥번개가 치는 것을 처음 보고 놀란 아이가 한동안 수면 장애 증상을 보여 내원한 경우도 있었다. 이처럼 아이에게는 매일이 처음 겪는, 적응해야 하는 일들의 연속이다. 성인도 새로운 모임에 나가거나 직장을 옮겨 첫 출근을 하면 긴장이 되고 배도 아프고 머리도 아픈 것 같은 느낌이 드는데 아이는 매일이 적응해야 할 것 투성이다 보니 정서적으로 소모해야 하는 에너지가 클 것이다. 또 감정적인 측면에서도 슬픔, 놀람, 짜증, 불안, 초조, 좌절 등 처음 겪어보는 다양한 감정을 경험하고 그것이 무엇인지 받아들이고 이해하는 과정이 혼란스러워 여러 가지 스트레스 반응을 나타낼 수 있다.

여기서 중요한 것은 아이에게 우울증이 생길 수 있으니 조심해야 한다는 것이 아니라 아이가 성장 과정에서 겪을 수 있는 정서적인 혼란을 이해하고 아이의 마음 건강과 관련된 케어를 해주어야 한다는 것이다. 우울증을 비롯한 많은 신경정신질환은 단 한 번의 충격적인 사건으로 발생하기보다는 지속되는 생활 속 스트레스로부터 오는 경우가 많다. 그러므로 아이가 정서적인 변화나 문제 행동이 보인다면 우선 무엇이 원인이 되는지를 살피고 그것을 교정하기 위한 노력을 해야 한다. 하지만 이때 아이에게 정서적인 문제가 보인다고 너무 좌절하거나 부모가 죄책감을 느낄 필요는 없다. 아동기의 우울증 환자의 90% 이상은 1~2년 이내에 회복된다.[38)]

물론 이후에도 재발에 주의하며 지속적인 관리가 필요하지만, 아이들의 마음에는 생각보다 큰 회복력이 있다. 흔히 성인의 우울증을 '마음의 감기'라고 하듯 나는 아이들의 정서 문제를 '마음의 성장통'이라고 설명한다. 성장통은 성장 과정에서 당연히 생길 수 있는 것이고 올바르게 성상할 수 있도록 잘 관리만 해주면 성장 이후에 문제가 되지 않는다. 우리 아이는 크고 있는 중이다. 그 과정에서 아이가 단단한 마음의 힘을 기를 수 있도록 도와주어야 한다.

미운 일곱 살
지나가는 거 맞죠?

마음 발달에도 단계가 있다

양육자들이 흔히 하는 말 가운데 "미운 일곱 살"이라는 말이 있다. 왜 굳이 일곱 살일까? 아이가 일곱 살쯤 되면 제법 어린 티를 벗고 초등학교 입학을 준비하는 때로 자아를 찾고 심리적인 독립을 이루려고 하는 시기다. 그러다 보니 부모와 부딪히는 일이 많아지고 부모 입장에서 보면 미운 일곱 살이 되는 것이다. 그러나 요즘에는 꼭 일곱 살만 그런 것 같지는 않다. 미운 세 살, 미운 네 살, 미운 여섯 살 등 사실 아이는 시기마다 부모가 보기에 미운 행동, 이전에는 하지 않았던 행동을 하면서 부모의 마음을 들었다 놨다 한다.

이렇게 아이들은 항상 커가는 과정에서 부모에게 '반격'을 하기 마련이다. 최근에는 사회 분위기의 변화 때문인지 이런 추세가 더욱 심화되는 것 같다. '중2병'이라는 단어가 등장한 지도 얼마 되지 않은 것 같은데 말이다.

부모가 볼 때는 마치 아이가 부모를 괴롭히기 위해서 행동하는 것 같아 미워 보일 때가 있다. 하지만 당연히 아이는 그런 마음은 아닐 것이다. 다만 아이는 성장하고 있을 뿐이다. 아이가 처음 태어나고, 돌이 되어 걷고, 이후에 뛰게 되기까지 아이들은 차근차근 성장·발달 과정을 거친다. 처음에는 목을 가누고, 다음에는 뒤집기와 되집기를 하고, 그러다 기어갈 수 있게 되고, 이후 무언가를 잡고 서고, 스스로 서며, 걷고 뛰는 과정을 하나씩 거치면서 결국 보행을 완성하게 된다.

아이의 마음 발달도 이와 같다. 운동 발달처럼 눈에 쉽게 보이지는 않지만 아이는 차근차근 단계를 밟아가며 성장하는 중이다. 그 과정에서 걷기 연습을 할 때처럼 넘어지기도 하고 실수도 반복한다. 또 아이가 처음 뒤집기에 성공하면 이후로 시도 때도 없이 뒤집으려고 하는 것처럼 처음 발달이 일어나는 시기에는 아이도 새롭고 신기한 경험에 오히려 과잉되게 그 행동을 하는 모습을 보이기도 한다. 이 때문에 부모가 보기에는 아이가 버릇이 없어 보이거나 고집 센 떼쟁이처럼 보이는 것이다.

이전과는 너무 다른 모습을 보여 걱정을 하는 경우도 많다. 그러나 아이는 발달하는 과정에서 여러 가지 시행착오를 겪는 중이라는 것을 이해하는 것이 중요하다. 이를 위해서는 부모가 아이의 발달 과정을 간략하게나마 알고 있으면 도움이 될 것이다.

발달 단계 이해하기

먼저 생후 1년까지는 낯선 곳에 태어난 아이가 이 세상과 주 양육자에게 신뢰와 애착을 쌓아나가는 시기다. 아직 제대로 된 의사 표현을 하기 힘든 이 시기의 아이들은 자신의 요구에 일관되게 반응해주는 주 양육자에 대한 믿음으로 기본적인 안정감을 찾게 된다. 이렇게 형성된 애착은 앞으로의 정서 발달, 대인관계, 사회성 발달에 중요한 역할을 한다. 또한 자기 몸을 만지고 끊임없이 탐색하며 생후 10개월 정도가 되면 자율성이 나타나 처음으로 어머니의 요구에 반하는 행동을 하거나 스스로 숟가락을 잡고 싶어 하기도 한다. 12개월이 지나면 어머니와의 애착을 바탕으로 그동안의 행동반경에서 한 걸음 나아가려고 하는 욕구가 생기며 주변 환경을 탐구하기 시작한다.

이렇게 나타난 자율성은 점차 강해져서 18개월이 지나면 대소변 가리기가 시작되고 스스로 먹고, 입고 하면서 독립성을 더욱 발전시켜간다. 부모로부터 분리된 자아를 확인하려는 욕구가 강하기 때문에 무조건 "싫어"와 "안돼"를 외치는 시기이기도 하다. 뭐든지 자기 뜻대로 하고 싶어 하고 다른 사람의 입장에서 사고하는 힘은 부족하기 때문에 가장 고집이 세고 떼를 많이 쓰면서 식당이나 마트 바닥에 드러눕기도 하는 '미운 세 살'의 모습을 보인다.

보통 부모가 육아를 하면서 가장 힘들어하는 시기이지만, 앞서 설명한 대로 이제 막 찾기 시작한 자아가 강해서 그것을 조절하는 방법을 배우지 못한 것으로 이해해주자. 점차 시간이 갈수록 사회적으로 알맞은 규칙을 배워나가게 되는데 이 또한 부모와의 애착이 바탕에 있어야 습득하기가 쉽다.

이후로 만 6세까지는 점차 가족에서부터 또래 친구들로 관계가 확장된다. 또래 친구와 사회적 관계를 맺고 주도권 경쟁을 하기도 하고 의견을 교환하고 다투고 화해하는 모든 과정이 아이의 정서 발달에 도움을 주는 경험이 된다. 그 이전 나이대보다는 사회적인 규칙을 배우기는 했지만 아직은 사고가 자기중심적이고 유연하지 못해서 한겨울에 꼭 얇은 엘사 공주 드레스를 입고 등원하겠다고 하는 것처럼 부모가 보기에 이해하기 어려운 주장을 하기도 한다.

특히 만 6세 이후에는 언어와 인지가 폭발적으로 발달하기 때문에 왜 그렇게 해야 하는지 논리적이고 본인이 납득할 수 있는 설명을 듣고 싶어 한다. 어릴 때처럼 쉽게 생각하고 아이의 질문에 "그냥 본래 그런 거야"라고 대답했다가는 "왜?"라는 질문 폭탄을 받게 될 수도 있다. 초등학교에 입학하고 본격적인 학령기가 되면 본인이 과제를 성실히 수행하고 능력을 점점 쌓아나가며 자신감을 얻기도 하고, 상대적으로 성취감이나 칭찬이 부족하면 열등감을 느끼기도 한다. 이후 2차 급성장기가 오면서 사춘기가 도래하고 자아정체성에 대한 고민을 하고 답을 찾아나가는 시기를 보내게 된다.

아동 심리 발달에 대해서는 여러 학자의 이론이 존재하고, 성선설(性善說)과 성악설(性惡說)에 답이 없는 것처럼 정답이 있는 것은 아니다. 여기서 설명한 단계는 에릭 에릭슨(Erik Erikson)의 '심리사회적 발달 이론'에 기초를 두고 있으며, 당연히 아이마다 개인차가 존재한다. 그러나 내가 생각하기에 아이들의 정서 발달 단계의 공통점은 결국 '자아'를 찾고 자율성과 독립성을 발달시켜 한 명의 독립된 성인이 되기 위한 과정이라는 것이다. 아이가 지금 미운 세 살이든, 미운 일곱 살이든, 사춘기를 힘들게 보내는 중2이든 자율성을 찾기 위한 여러 가지 시행착오를 겪는 중이다. 이때 보이는 아이의 미성숙한 반응이 어른들이 보기에는 '미운' 행동으로 보일 수 있는 것뿐이다.

아이는 부모가 시키는 행동에 반대도 해보고 자기 주장을 강력하게 말해보기도 하면서 자신만의 세상을 구축해나간다. 이때 자신의 주장이 받아들여지는 경험을 하면서 자신감을 얻기도 하고 또 주장이 받아들여지지 않을 때는 좌절을 경험하며 모든 것이 자기 뜻대로 되는 것은 아니라는 사실을 배운다. 이런 좌절 이후에 그것을 극복하는 과정에서 점차 경험치가 쌓이고 세상과 인간관계를 이해하는 폭이 넓어지는 것이다.

그렇기 때문에 아이의 미운 행동을 너무 걱정할 필요는 없다. 아이는 지금 모습 그대로 버릇없고 자기주장만 강한 아이로 크는 것이 아니라 아직 어디까지가 사회적으로 혹은 우리 가족 내에서 허용되는 범위이고 어느 정도까지 자신의 뜻대로 할 수 있는 것인지를 가늠하는 건강한 성장 과정 중에 있는 것이다. 오히려 뭐든지 부모의 말만 따르고 자기주장을 하지 않는 아이를 걱정해야 한다. 기질적으로 본래 그러한 성향의 아이도 있겠지만, 현재 건강한 자아상을 발달시키는 데 어려움을 겪고 있을 수 있으므로 이 부분에 대한 관찰과 평가가 필요할 수 있다.

다만 아이는 아직 배워나가는 중이므로 이와 같은 발달 과정에 대해 부모의 올바른 케어가 필요하다. 아이의 자존감을 높여준다고 무조건 아이의 말을 들어준다거나 아이에게 예의를 가르친다고 너무 많은 제약을 가하는 것 모두 좋지 않다. 적절한 기준선, 예를 들면 안전에 관한 것이나 부모가 생각하는 사회적인 규칙에 대한 기준을 세워주고 그 기준 안에서는 가능한 한 무엇이든 아이가 스스로 경험해보게 하는 것이 좋다. 이때 가장 중요한 것이 훈육의 '일관성'이다. 아이에게 제시하는 그 적정선이 항상 일정해야 한다. 부모의 기분에 따라 같은 행동이 어느 날은 괜찮고 다른 날은 안 된다면 아이가 세워나가는 기준에 혼란이 오게 된다. 이러한 경험이 반복되다 보면 기준 자체를 무시하고 자기주장만 한다거나 반대로 모든 것에 소극적으로 반응하며 자존감을 구축하지 못하는 결과가 생길 수 있다.

반항하고 고집 부리는 우리 아이, 정신건강은 최고!

육아를 하는 것은 늘 새로운 일의 연속이다. 그리고 계속 더 어려운 과제를 받는 것 같은 느낌이다. 아이는 늘 성장하고 변화하며 어제와는 다른 모습을 끊임없이 보여주기 때문일 것이다. 아이는 늘 처음 하는 어떤 경험을 하고 그것에 몰두하다가 실수도 하고 다시 도전하고 결국은 성공하고 그것에 익숙해지는 수천, 수만 번의 과정을 통해 성장한다. 이 반복되는 과정에서 부모를 지치게 만들기도 할 것이다. 그러나 그 중간 단계 없이 갑자기 어느 날 아이가 한 올바른 성인으로 자라날 수는 없다. 이제 막 기는 것을 시작한 아이가 중간 단계 없이 한순간에 우뚝 서서 걷지 못하는 것과 같다. 이 과정 중에 어떤 단계를 놓친다면 그 단계에 대한 결핍이 생기거나 혹은 다음 단계로의 진행이 어려울 수 있다.

그러므로 부모는 아이가 마음 발달 단계를 차근히 지나갈 수 있도록 지켜봐주고 또 가르쳐주어야 한다. 그러나 한두 번 이야기해준다고 아이가 적절한 기준을 바로 체득할 수는 없을 것이다. 수십 번 혹은 수백 번 같은 말을 반복해야 하겠지만 그렇게 여러 시행착오 끝에 아이는 더욱 단단한 마음의 성장을 이룬다. 지금의 미운 일곱 살은 당연히 지나간다. 그 시기가 지나면 아이는 한 단계 성숙한 마음을 가질 수 있을 것이다.

틱장애일까?
비염일까?

틱장애와 주의력결핍 과잉행동장애

틱장애(tic disorders)와 주의력결핍 과잉행동장애(ADHD)는 아이를 키우는 부모라면 한 번쯤은 들어봤을 질환 중 하나다. 해가 갈수록 아이들의 신경행동 문제가 늘어나고 있고 주변에서 틱장애나 ADHD로 치료를 받거나 약 복용을 하고 있는 아이를 생각보다 어렵지 않게 찾을 수 있다.

틱장애는 자신의 의지와는 상관없이 발생하는 갑작스럽고 반복적인 동작이나 음성 증상을 말한다. 동작은 몸의 어느 부위에나 생길 수 있지만, 눈을 깜빡이거나 코를 찡긋거리거나 고개를 까딱하는 등 얼굴에 먼저 나타나는 경우가 많다. 음성 역시 "음음", "킁킁", "꺅"과 같은 짧은 소리를 내는 경우가 많고 여러 동작이나 소리가 연관되어 나타나면 복합성 틱이나 뚜렛증후군(Tourette syndrome)으로 진단할 수 있다.

아직까지 정확한 발병 원인은 밝혀지지 않았지만, 스트레스가 직접적인 원인은 아니더라도 뚜렷한 악화 요인인 것으로 알려져 있다. 틱장애는 처음 증상이 발생한 이후 호전과 악화가 반복된다는 특징이 있는데, 이 과정이 1년 이상 지속되면 지속성 틱장애, 1년 미만이면 잠정적 틱장애라고 한다. 발병한 지 4주 이내라면 특별한 치료 없이 집에서 케어만 잘해주어도 호전되기도 할 만큼 부모와 가족의 관심이 중요한 증상 중 하나다. 물론 틱장애는 늘 호전과 악화를 반복하기 때문에 증상이 없어진 이후에도 꾸준한 관리와 경과 관찰은 필수다.

연구에 따르면 우리나라의 역학조사상 ADHD의 유병률은 초등학생에서 약 13%, 중학생과 고등학생에서 약 7% 정도이고, 틱장애는 5~18%까지 경험하는 것으로 나타났다.[39] 아주 대략적으로 봤을 때 틱장애나 ADHD를 아이들 10명 중 1명은 경험하는 것이니 상당히 높은 비율이라고 할 수 있다. 생각보다 틱이나 ADHD를 겪는 아이들이 많다 보니 해당 질환에 대한 부모의 관심도 높다. 진료실에서 "우리 아이가 혹시 틱이나 ADHD는 아닐까요?"라고 물어보는 경우가 정말 많다. 특히 틱장애의 대표적인 증상이 코를 찡긋거리거나 목에 무언가 걸린 것처럼 "음음" 하는 소리를 내는 것인데, 이것이 틱장애인지 감기나 비염으로 인한 것인지 구분하기가 어렵고 헷갈리기 쉽다. 그러다 보니 환절기가 되면 "아이가 최근 들어서 계속 코를 찡긋거리는데 이게 틱일까요, 비염일까요?" 하는 똑같은 질문을 하루에 다섯 번 이상 받기도 한다.

킁킁거림의 원인은 무엇이었을까?

2020년에는 특히 이런 증상을 보이는 아이들이 많았는데, 그중 전형적인 증상을 보이는 한 아이가 있었다. 그 아이는 여덟 살 남자아이로 어릴 때 아토피 진단을 받았고 그 이후로 환절기마다 알레르기 비염 증상이 반복되었다고 했다. 그러다 2020년 가을에 유독 비염 증상이 심해지는 것 같았고, 아이 역시 목에 가래가 걸려서 불편하다며 수시로 목을 가다듬으며 "킁킁" 하는 소리를 냈다고 했다. 아이는 실제로 목에 가래가 있는 듯했고 한 번씩 코를 훌쩍거리기도 했다. 보호자는 처음에 비염 증상이 심해졌다고 생각해서 항히스타민제와 알레르기 약을 처방받아 먹였다고 했다. 그런데 증상만 조금 줄어들었을 뿐 아이가 느끼는 불편감은 그대로였다고 했다.

아이는 거의 하루 종일 반복해서 목을 가다듬는 소리를 냈지만 긴장을 하거나 새로운 환경에 가면 증상이 잦아지는 경향을 보였다. 어머니는 물을 자주 먹게도 해보고 반복되는 소리가 듣기 싫으니 참아보라고도 했지만 소리가 멈춰지지는 않았다. 코를 풀게 하면 나오는 콧물도 거의 없는데 아이의 증상이 이어지자 '이것이 비염이 아니라 다른 질환이 아닐까?'라고 생각하며 한의원에 오게 되었다. 그 아이의 코 상태는 예상대로 나쁘지 않았다. 물론 목으로 넘어가는 콧물(후비루, 後鼻淚)이 있기는 했지만 하루 종일 쉬지 않고 목을 가다듬어야 할 정도는 아니라고 판단됐다. 어머니에게 아이의 신변에 최근 변화가 있었는지, 아이의 학교생활은 어떠한지 물어보았다. 아이는 2020년 봄에 가족들이 다른 지역에서 부산으로 이사를 왔다고 했다.

이사와 초등학교 입학이라는 큰 변화가 겹쳤고, 게다가 봄에는 학교를 제대로 가지 못하다 보니 친구를 사귀거나 적응을 할 기회 역시 적었다. 그러다가 가을 새학기가 되면서 예전보다 등교를 자주 하는 것에 대해 스트레스를 받는 것 같다고 했다. 집에서 온라인 수업을 듣는 날은 아침에 잘 일어나고 준비도 잘 했는데, 등교를 해야 하는 날은 아침에 일어나는 것도 힘들어하고 "학교에 안 가면 안 돼요?" 하며 울상 짓는 일이 많았다고 했다.

나는 비염과 틱장애가 아이에게 같이 영향을 주고 있는 것으로 판단하고 비염 치료와 틱증상에 대한 치료를 동시에 진행했다. 그 아이는 다행히 빠른 호전을 보였다. 이렇게 비염과 같은 호흡기 증상과 틱장애가 동시에 영향을 주는 경우도 있으므로 단순히 증상만 보고 비염인지 틱장애인지를 일률적으로 구분하기는 어렵다. 그러나 치료의 방향이 명백히 달라져야 하기 때문에 이 경우에는 정확한 진료를 받아본 뒤에 치료를 받는 것을 권한다.

신체와 정신 모두를 살펴보자

만약 아이가 틱장애와 같이 반복적이고 의미없는 행동을 보인다면, 우선 반복적인 증상을 보일 만한 불편함이 있는지를 살펴보아야 한다. 코를 훌쩍거리거나 킁킁거리는 소리를 낸다면 콧물이나 비염 증상을, 눈을 반복해서 깜빡인다면 안과 질환이나 알레르기 질환을, 어깨를 반복적으로 까딱거린다면 이에 해당하는 근골격계 질환이 있는 것은 아닌지 살펴보고 진료를 받아보는 것이 좋다.

그 결과 아이에게는 별다른 문제가 없는데도 반복적인 행동을 보인다면 틱장애를 고려해볼 수 있다. 앞서 언급한 비염 증상을 예로 든다면, 아이가 코를 훌쩍이는 행동을 반복하지만 실제 콧물, 가래, 코점막의 비대와 같은 증상은 없거나 미미한 경우다. 혹은 처음에는 실제 알레르기성 비염으로 인해 콧물이 생겨 코를 훌쩍거렸으나 현재는 증상이 호전되어 콧물이 거의 없음에도 불구하고 코를 훌쩍거리는 행동을 똑같이 반복한다면 의심해볼 수 있다. 특히 어떤 정서적인 자극이나 스트레스를 받거나 긴장된 상황에서 증상이 심해진 것이라면 치료와 관리가 필요하다.

틱장애, 모른 척 할수록 좋아진다

틱장애 관리에 있어서 가장 중요한 것은 해당 증상 자체에 너무 집중하지 않도록 하는 것이다. 특히 아직 인지하지 못했을 때 부모가 아이의 나쁜 습관을 고친다고 혼을 내는 경우가 있는데 그것이 오히려 아이의 스트레스를 자극해 증상이 악화될 수 있으므로 주의가 필요하다.

나는 평소에 "아이가 그런 행동을 반복했다는 것을 잊어버리게 한다는 느낌으로 관리해주세요"라고 안내한다. 어차피 틱 증상은 대부분 불수의적(不隨意的)인 것에 가까워서 본인이 마음먹은 대로 제어할 수 있는 것이 아니다. 따라서 혼을 내거나 하지 말라고 한다고 해서 아이가 그것을 멈출 수 있는 것도 아니다. 오히려 그 행동에 대해 언급을 하지 않고 아이가 행동을 의식하지 않도록 해서 자연스럽게 멈출 수 있도록 돕는 것이 좋다. 아이가 해당 증상을 보이면 아예 다른 대화를 하거나 아이의 관심을 다른 쪽으로 돌리도록 한다. 나는 부모님들에게 "오늘 아이에게 있었던 일을 물어보고 아이에게 관심을 보여주는 대화를 하거나 이도 저도 힘들면 그냥 아이를 안아주세요"라고 조언한다.

아이의 정서를 자극하는 것 찾아 없애기

틱 증상에 대해서는 모른척하는 동시에 더불어 반드시 해야 할 일이 있다. 바로 아이에게 정서적인 자극이 되고 있는 것이 무엇인지를 확인하고 제거하는 일이다. 만약 아이가 특정 시간, 특정 사건이 있을 때 증상이 유발된다면 그것을 최대한 피할 수 있도록 해주어야 한다.

TV나 핸드폰 동영상을 볼 때 심해진다면 당분간은 TV와 동영상 시청을 하지 않도록 한다. 학원에서 심해지거나, 다른 사람 앞에서 말을 해야 할 때 심해진다면 증상이 호전될 때까지는 학원을 쉬거나 다른 사람 앞에서 말을 하는 상황을 만들지 않도록 해야 한다. 이와 동시에 아이의 긴장을 풀어줄 수 있는 기회를 만드는 것도 좋다. 시간을 내어 주말에는 가까운 곳이더라도 가족과 함께 야외활동을 하고 마음껏 뛰어놀게 하거나 동생 때문에 스트레스를 받는 첫째라면 동생은 잠시 다른 곳에 부탁하고 첫째 아이와 어머니가 둘만의 시간을 갖는다거나 하는 것이다.

이런 식으로 심리적인 긴장도를 낮춰주고 증상을 유발하는 계기를 제거하면 별다른 치료 없이 자연스럽게 회복되는 경우도 많다. 그러나 점차 증상이 심화되어 일상생활이나 교우관계에 문제가 될 정도거나 다른 정신질환과 동반되는 경우라면 적절한 치료가 필요하므로 진료를 받아보아야 한다.

틱장애, 보호자의 정서 관리도 필요하다

틱장애를 관리하는 데는 부모의 역할이 무엇보다 중요하다. 그래서 나도 진료를 볼 때 아이를 관리하는 부분에 많은 중점을 두어 이야기를 하는 편이다. 보호자들은 집에서의 관리가 매우 중요한 것을 다들 알고 있기 때문에 대체로 의사의 제안을 잘 따라주는 편이다. 그러나 그 과정에서 고충이 안 생길 수는 없다.

보호자들은 아무리 아이의 증상을 모른척하고 참으려고 해도 하루에 수십 번, 수백 번씩 같은 행동을 반복하는 아이를 보다 보면 어느 순간 인내의 끈이 풀리는 때가 있다고 털어놓는다. 그럴 때면 걱정도 되고 화도 나서 "그만 좀 해"라고 소리를 질러버리고는 방에 들어와 한참을 울기도 한다고 했다. 또 비교적 엄격한 부모나 조부모가 있는 집의 경우 아이의 증상을 모른척하고 보듬어 주는 관리 자체가 통하지 않을 때도 있다. 아이를 따끔하게 혼내면 증상이 나타나지 않을 거라며 아이를 심하게 혼내서 증상이 매우 악화된 경우도 있었다.

참다 참다 인내심에 한계가 와서 화를 낸 부모의 마음이 이해가 되지 않는 것은 아니다. 오히려 얼마나 안타깝고 걱정되는 마음에 그랬는지 너무나 잘 이해되어서 그 행동이 잘못되었다고 말하기가 어려운 경우도 있다. 그러나 틱장애에서 아이의 증상보다 아이 마음 자체에 집중하는 것이 호전에 큰 역할을 하기 때문에 부모에게 "조금 더 참고 힘을 내보세요"라고 응원을 하는 수밖에 없다.

부모는 성인이기에 합리적으로 판단하고 이성적으로 생각할 여지가 있다. 아이가 틱장애를 보인다면, 부부끼리는 서로를 그리고 조부모를 비롯한 다른 가족들은 주 양육자의 마음을 알아주고 응원해주어야 한다. 그래야 이 긴 싸움에서 지치지 않을 수 있다. 이러한 노력 끝에 결국 아이의 마음속에 있는 긴장과 불안을 찾아서 풀어주고 증상이 호전된다면 '마음의 성장통'을 겪은 아이는 더 단단해지고 부모는 아이를 더 잘 이해할 수 있게 될 것이다.

산만함일까?
ADHD일까?

내 아이의 수업 태도, 꿈인가 생시인가?

아이가 초등학교에 입학하는 3월이 되면 부모들이 비슷하게 걱정하는 일이 하나 있다. 바로 '내 아이가 혹시 주의력결핍 과잉행동장애(ADHD) 아닐까?' 하는 걱정이다. 유치원 때까지는 집 안과 밖에서 마음껏 휘젓고 다니는 아이를 흐뭇한 눈으로 바라볼 수 있었다. 하지만 '과연 저 아이가 하루 종일 그 좁은 책상에 가만히 앉아 주의를 집중하면서 선생님 말씀을 잘 듣고 올 수 있을까?' 하는 걱정이 밀려오기 시작하는 것이다.

이 걱정은 학기 초에 실시되는 공개수업과 그 뒤 이어지는 담임선생님과의 학부모 면담 시기 즈음에 절정에 달한다. 특히 학부모 면담에서 "아이가 산만하고 학교생활에 잘 적응하지 못해요"라는 이야기를 듣게 되면 그 걱정은 집안의 근심거리로 크게 자리 잡는 경우를 많이 보았다. 대개의 경우 초등 1학년 아이들의 주의산만은 별문제가 없다. 그러나 학교 담임선생님으로부터 병원 진료를 권유받는 경우도 해마다 종종 늘어나는 추세다.

최근에는 온라인 수업이 일상화되면서 '내 아이가 ADHD는 아닐까?' 하고 궁금해하는 부모들이 늘어났다. 아이가 매일 등교하던 때는 수업하는 아이 모습을 부모들이 볼 수 없으니 선생님이 따로 이야기를 하지 않는 한 '학교생활을 잘하고 있겠거니'라고 생각했다. 하지만 집에서 직접 아이의 수업 태도를 보고는 눈앞에서 벌어지는 아이의 행동에 적잖이 충격을 받는 일이 많아진 것이다.

아이는 수업 시작 시간이 됐는데 아직 준비를 다 끝내지 못하는 날이 반을 넘는 데다 수업 중에도 10분을 제대로 집중하지 못하고 계속 발을 꼼지락거리고, 머리카락을 비비 꼬고, 몸을 비틀면서 한시도 잠자코 있지 못한다. 책상 위, 침대 위, 책상 밑을 끊임없이 들여다보고 기웃거리고 있기 일쑤에 또 어느 순간에는 그저 멍때리고 모니터 앞에 정지해 있기도 한다. '옆에서 잔소리를 하지 말아야지' 하고 다짐하지만 그 모습을 보고 있으면 자신도 모르게 "지금 수업 안 듣고 뭐해?", "딴짓 좀 그만하지!" 결국 한마디 하게 되고, 아이와 큰소리를 내기 십상이다.

이런 모습이 반복되다 보니 "아이가 너무 산만하고 집중을 못하는데 혹시 ADHD는 아닐까요?"라고 문의하는 부모들이 많아졌다. 인터넷에 ADHD 증상에 대해 찾아보면 다 우리 아이의 이야기를 하는 것 같기도 하다. "온라인 수업을 듣는 모습을 보며 현타(현실자각타임)가 왔어요"라며 본래 이 나이대의 아이들은 이렇게 산만한 것이 정상인지, 우리 아이가 특별히 산만하고 문제가 있는 것인지 모르겠다는 부모의 걱정을 자주 듣는다.

호기심 많고 수다스러웠던 일곱 살 아이

ADHD는 부모가 가장 많이 걱정하는 소아정신과 질환 중 하나이며, 이에 대한 정확한 진단을 위해 실제 소아정신과를 찾는 경우도 많다. 가장 흔하게 알려진 질환이다 보니 아이를 두고 주변으로부터 이런저런 이야기를 많이 듣는 아주 대표적인 증상이라고 할 수 있다. 주변의 상반되는 이야기 때문에 부모는 더욱 혼란스러워하고 불필요한 걱정을 하기도 한다.

우리 병원을 찾은 한 아이가 그랬다. 그 아이는 아주 활발한 일곱 살 여자아이였다. 비염 치료를 위해 꽤 오랫동안 내원했는데, 한의원에 들어오면서부터 큰 목소리로 "안녕하세요"를 외치면서 들어왔고 한의원 직원부터 진료실에 있는 나까지 모든 사람을 찾아다니며 인사를 했다. 진료실에 다른 아이가 진찰을 받고 있어도 아랑곳하지 않고 진료실 안에까지 들어와서 여러 번 직원들이 애를 먹기도 했다.

그 아이는 진찰을 받고 치료를 받는 시간에도 매우 지루해했고 쉬지 않고 말을 했다. 내가 어머니와 진료 상담을 하고 있을 때도 항상 대화를 끊으며 들어와 본인이 하고픈 질문이나 궁금한 것들을 물어보았고 그에 대한 내 대답이 끝나기도 전에 또 다른 것을 물어보는 식이었다. 진찰에 집중하지 않았고 협조도 잘되지 않았다. 치료를 받을 때 다른 아이 때문에 기다리게 되면 그것을 참지 못했고 매우 초조해하며 짜증을 내기도 했다. 집에서도 본인이 좋아하는 것에는 집중을 잘하는데 그것 외에는 거의 집중을 하지 못한다고 했다.

아이의 어머니는 아이가 본래 활발하고 호기심이 많은 편이라고 생각해왔으나 이제 초등학교 입학을 앞두고 있는 시기라 혹시 다른 문제가 있는 것은 아닐지, 학교에 적응을 잘할 수 있을지 걱정이었다. 그러다가 또래 아이를 둔 지인이나 유치원 친구 어머니들로부터 "요즘에는 ADHD 약을 먹는 아이들이 많다던데 진료를 받아보면 어떨까?" 하는 이야기를 몇 차례 듣고는 덜컥 겁이 나서 한의원에 내원한 터였다. 아이의 어머니는 아이에게 정신과 약을 먹인다는 것이 부담스럽기도 하고 아직 우리 사회에 남아있는 정신과질환에 대한 편견도 걱정스러웠다.

그렇다고 그대로 두자니 치료 시기를 놓쳐 아이를 망치는 것이 아닌지 걱정도 됐다. 벌써 유치원에서 아이가 자꾸 불쑥불쑥 충동적인 행동을 하다 보니 다른 아이들과 잘 어울리지 못한다는 얘기를 전해들었기 때문에 고민은 더 깊어졌다. 이런 고민을 친정어머니에게 털어놓았지만 도리어 "쓸데없는 병을 네가 만든다"고 역정을 내셨다며 고민이 더욱 깊어졌다고 했다. 어머니는 총체적으로 매우 혼란스러워하고 있었다.

ADHD 치료는 신중하게

사실 ADHD는 과잉진단에 대한 논란이 오랫동안 이어져온 질환이다. 가장 큰 논란의 핵심은 과거에는 아이들이라면 누구나 보일 수 있는 정도의 산만함으로 받아들여졌던 것이 ADHD라는 이름을 얻게 되면서 많은 교사와 부모가 단순히 주의가 산만하고 부산스러운 아이들을 모두 ADHD라는 질병의 범주로 바라보고 있다는 것이다.

해외에서도 이에 대한 연구와 토론이 많이 이루어지고 있다. 최근 호주에서는 그동안 발표된 334건의 연구를 분석한 결과 "ADHD가 어린이와 청소년에게서 과잉 진단된다"는 설득력 있는 근거가 발견되었고, 경미한 증상이 있는 아이의 경우 ADHD를 진단받고 치료를 받는 것이 장기적으로 이점보다 손해가 클 수 있다는 연구 결과를 발표하기도 했다. 해당 연구는 1989년부터 2017년 사이 ADHD 진단이 전 세계적으로 지속적인 증가를 보였고, 특히 학교에서 가장 어린아이, 우리나라로 보자면 초등학교 1학년에서 가장 많은 진단을 받는 추세에 대해 '상대적인 미성숙'으로 인해 더 많은 아이들이 진단을 받고 있다는 점을 지적했다.[40]

또한 ADHD 진단을 받게 되면 일차적으로 약물치료를 받게 되는데 이에 대한 안정성 및 효과에 대한 논란 역시 존재한다. 2019년에 미국 소아과 아카데미(AAP)에서 발표한 ADHD 치료 지침에 따르면 이 질병의 1차 치료에는 일반적으로 약물이 쓰이는데, 이들 약물인 메틸페니데이트(methylphenidate)와 암페타민(amphetamine)

등이 각성제에 해당하므로 미취학 아동의 경우에는 1차 치료로 행동 요법을 권장하기도 한다.[41)]

우리나라에서도 만 6세 이상의 아이가 ADHD 진단을 받으면 약물치료를 바로 시작하는 경우가 많은데, 약물의 주요 성분을 볼 때 우려할 만한 일이다. ADHD 치료를 위한 각성제는 70~80% 정도에서 치료 효과가 있는 것으로 알려져 있다. 그러나 이들 중 20%에서 행동상의 부작용이 관찰된다. 각성제의 일반적인 부작용은 식욕부진, 키 성장의 둔화 등이 있고 심혈관계질환 및 틱장애 발생을 증가시키기도 한다. 더불어 각성제가 키와 체중의 백분위 수를 줄일 수 있으므로 키가 작은 아이는 각성제 복용을 시작하지 않는 것이 좋다고 권장하기도 한다.[42)]

ADHD 약물 부작용 관리에 대한 유럽 지침에서 각성제 복용 후 성장 지연의 가능성에 대해 언급한 것을 살펴보면, 일반적으로 키와 체중은 치료 초기에 감소하고 특히 식욕부진과 연관된 체중 감소가 더 두드러지는 것으로 나타났다.[43)] 아직 이것이 최종 키에 영향을 주는지에 대해서 확실한 결론은 없지만, 의사는 환자와 부모에게 약물 사용으로 인한 성장 지연 가능성에 대해 조언하고 최소 6개월에 한 번씩 키, 체중, 식욕에 대한 모니터링을 시행하는 것이 필요하다.

공부 잘하게 하는 약?

특히 우리나라에서는 ADHD 치료 약물인 메틸페니데이트에 대한 추가적인 논란이 존재한다. 이 약이 '공부 잘하게 하는 약'으로 잘못 알려져 불법으로 처방되고 오남용하는 사례가 뉴스에 꽤 자주 오르내린다. 아마도 산만하고 부주의하던 ADHD 진단을 받은 아이가 약을 복용한 후 여러 행동들이 교정되는 것을 보면서 '정상인 아이가 먹어도 집중력이 높아지고 아이가 차분해지지 않을까?'라고 생각하는 것 같다.

그러나 이 약물은 향정신성의약품으로 높은 주의와 관리가 필요하다. 또한 실제로 신경전달물질이 부족한 ADHD 환자가 아닌 사람이 복용하면 주의력을 높이는 효과보다는 부작용에 대한 위험이 훨씬 크다. 식품의약품안전처의 해당 약물에 대한 고시사항을 보면 심혈관계 문제뿐만 아니라 두통, 불안감이 생길 수 있고 심한 경우 환각, 망상 등의 정신과 질환이나 자살 시도의 가능성이 있으니 주의가 필요하다고 안내되어 있다.

따라서 ADHD 치료가 필요하지 않은 아이를 집중력을 높여 성적을 올리겠다는 욕심으로 해당 약물을 복용하게 해서는 절대 안 된다. 반대로 ADHD 치료가 필요한 아이인데 정신과 질환과 정신과 약물에 대한 거부감으로 제때 치료를 받지 못하게 되는 것 또한 주의해야 한다. ADHD는 조기에 발견하여 적절한 약물치료 및 행동치료가 병행된다면 충분히 관리가 가능한 질환이다. 오히려 치료하지 않고 방치한다면 과잉행동과 주의력결핍으로 인해 이차적으로 생기는 학습 능력 저하, 사회적 관계의 문제, 우울장애 등이 동반될 수 있다. 나이가 들면 좋아질 것이라는 막연한 기대만으로 지켜만 보다가 아이가 더 힘든 과정을 겪어야 할 수 있다.

너무 지나친 걱정도, 안일한 생각도 모두 금물

이처럼 ADHD에 대해 너무 걱정하고 겁먹을 필요는 없지만 반대로 너무 안이하게 대처하는 것도 위험하다. 이때 가장 중요한 것은 부모가 아이의 상태를 정확히 파악하는 것이다. 필요없는 아이에게 부작용의 위험성이 있는 약을 먹이지 않도록, 혹은 치료가 필요한 아이가 적절한 치료 시기를 놓치지 않도록 부모가 세심하게 살펴주어야 한다.

다음 페이지에 있는 Tip은 미국정신의학협회(American Psychiatric Association, APA)에서 발표하는 정신질환 진단 및 통계 매뉴얼(DSM-5)에 소개된 ADHD 진단 기준이다. 이 기준을 통해 증상이 발달 수준에 맞지 않고 부적응하게 6개월 이상 지속된다면 주의력결핍과잉행동장애인지 의심해봐야 한다. 해당 증상이 여섯 가지 이상 보이는 경우, 이러한 증상이 12세 이전에 발생하고 적어도 두 군데 장소 이상(예를 들면 학교와 집 등 두 군데 이상)에서 보인다면 우선 전문가의 진료를 받아보기를 권한다.

주의력결핍 과잉행동장애의 DSM-5 진단 기준(APA, 2013)

TIP

주의산만 증상(여섯 가지 이상)

- 학업, 일, 기타 활동 중 세심한 주의를 기울이지 못하거나 부주의한 실수를 자주 한다.
- 과제 수행이나 놀이 중 주의집중을 지속하는 데 어려움을 자주 갖는다.
- 대놓고 이야기하는데도 듣지 않는 것처럼 보일 때가 자주 있다.
- 지시를 따라오지 않거나 학업, 심부름, 업무를 끝내지 못하는 경우가 자주 있다.
- 과제나 활동을 조직적으로 하는 것에 곤란을 자주 겪는다.
- 지속적으로 정신을 쏟아야 하는 일을 피하거나 싫어하거나 거부하는 것이 자주 있다.
- 과제나 활동에 필요한 것을 자주 잃어버린다.
- 외부 자극에 의해 쉽게 주의가 산만해진다.
- 일상적인 일을 자주 잊어버린다.

과잉행동 및 충동성 증상(여섯 가지 이상, 17세 이상인 경우 다섯 가지 이상)

- 손발을 가만두지 않거나, 자리에서 꼬무락거린다.
- 가만히 앉아 있어야 하는 상황에서 자주 자리를 뜬다.
- 적절하지 않은 상황에서 지나치게 달리거나 혹은 기어오른다.
- 조용하게 놀거나 레저 활동을 하지 못하는 경우가 자주 있다.
- '쉴 사이 없이 활동하거나' 혹은 마치 '모터가 달린 것같이' 행동하는 경우가 자주 있다.
- 지나치게 말을 많이 하는 경우가 자주 있다.
- 질문이 끝나기도 전에 대답해버리는 경우가 자주 있다.
- 차례를 기다리는 것을 자주 어려워한다.
- 다른 사람이 하는 것을 중단시키거나 무턱대고 끼어드는 경우가 자주 있다.

착해서
아픈 아이들

침묵의 스트레스, 착한아이증후군

'착한아이증후군(good boy syndrome)'이라는 말이 있다. 타인에게 '착한' 사람이라는 인정을 받는 것을 중요하게 여겨 자신의 감정을 솔직히 표현하지 못하는 경우를 일컫는 용어다. 특히 아이들 중에는 착한 행동을 해야 어른들, 특히 부모에게 사랑을 받을 수 있다는 강한 믿음을 가지고 자신의 감정이나 의지보다는 부모의 뜻을 따르려고 하는 모습을 보이는 경우가 있다.

섣부른 일반화는 지양해야 하지만 나는 진료실에서 이런 '착한아이증후군'과 같은 모습은 보이는 첫째 아이들을 많이 봐왔다. 아무래도 둘째나 막내보다는 첫째 아이에게 책임이나 양보, 모범 같은 얘기를 더 많이 하는 경향 때문이 아닐까 짐작한다. 첫째 아이도 아직 어린아이일뿐인데 둘째가 더 어리다 보니 괜스레 첫째 아이는 다 큰 것처럼 느껴지고 오히려 부모가 첫째에게 심리적으로 의존하는 경우도 보인다. 아이는 착하고 의젓한 아이라는 칭찬을 듣겠지만 그것이 아이에게 무조건 좋은 것만은 아닐 수 있다.

첫째도 아직 어린아이에 불과하다

얼마전에 내원했던 한 아이도 비슷한 상황으로 보였다. 그 아이는 여섯 살 여자아이인데 두 살 어린 여동생이 있었다. 그 아이는 조용한 성격에 수줍음이 많았다. 내가 말을 걸어도 소리를 내서 대답하기보다는 고개만 끄덕이는 경우가 많았고 대답을 하기 전에는 어머니를 한 번 쳐다보고 허락을 구한 다음 말을 하기도 했다. 반대로 아이의 동생은 활발하고 말도 많았다. 애교 가득한 눈짓 하나로 주변 사람 모두의 마음을 사로잡기도 했다. 그러나 치료를 받는 것은 아직 겁을 많이 내서 한의원에서 많이 울고 치료를 받지 않겠다고 떼를 쓰기도 했다.

아이를 진찰할 때, 동생은 항상 어머니에게 안아달라고 하며 어머니와 같이 앉아 진료를 봤다. 첫째 아이도 어머니에게 동생처럼 안은 채로 앉아서 같이 진료를 보고 싶다고 말하지만 어머니는 동생을 보느라 아이의 요구를 들어주지 못할 때가 많았다. 첫째 아이는 나에게는 말을 많이 하지 않아도 어머니에게는 말을 많이 걸고 싶어했다. 치료를 잘 받을 때도, 씩씩하게 혼자서 진찰을 받았을 때도 어머니에게 자기 좀 봐달라고 말을 걸었지만 울고 있는 동생을 달래느라 어머니는 제대로 반응해주지 못할 때도 많았다. 그때마다 첫째 아이는 어머니에게 짜증을 내기보다는 조용히 다른 치료를 받고 또 어머니에게 자랑을 하곤 했다.

그러던 중 첫째 아이는 자꾸 두통과 어지럼증을 호소하기 시작했다. 머리가 너무 아프다며 자다가 울면서 깨기도 했다. 그날은 유치원을 가지 않고 어머니와 병원에 다녀왔다. 기초적인 검사를 받았지만 큰 이상은 없다며 조금 더 경과를 지켜보기로 했다. 머리가 아프다고 했다가도 조금 쉬면 금방 괜찮아졌기 때문에 크게 걱정하지는 않았다. 그러나 이후에도 두통과 어지럼증이 반복되고 점점 정도가 심해져서 결국은 정밀검사를 위해 뇌파검사와 CT촬영을 진행했다. 마찬가지로 별다른 문제는 발견되지 않았고 아마도 심리적인 문제인 것 같다는 소견을 들었다.

어머니는 아이가 별다른 환경 변화도 없고 스트레스 받을 만한 사건도 없었다고 했다. 내가 조심스럽게 "혹시 아이가 동생 때문에 섭섭해하거나 스트레스 받는 일은 없나요?"라고 묻자 어머니는 한숨을 크게 쉬었다. 아무래도 동생이 어려서 손이 많이 가는 나이인데다가 까다로운 기질의 아이고 첫째 아이는 상대적으로 조용하고 순한 편이라 뭐든지 동생에게 맞춰주게 된다는 것이다.

어머니도 이런 일이 반복되는 것이 첫째 아이에게 좋지 않을 것이라 생각은 하지만 현실적으로 어쩔 수 없이 "언니니까 한 번만 양보하자. 동생 먼저 봐주고 나중에 해줄게"라는 식으로 말하는 경우가 많다고 했다. 그럴 때면 첫째 아이는 대체로 어머니의 말을 들어주고 참을성 있게 기다려주었다. 어머니는 그런 아이가 고맙기도 하고 마음이 짠하기도 했지만 이 상황을 바꿀 수 있는 방법이 없어 답답하다고 하며 또 다시 한숨을 쉬었다. 그렇다고 어머니가 첫째 아이에게 소홀한 것은 아니었다. 동생이 없을 때는 시간도 많이 보내고 항상 어머니를 도와주는 아이에게 칭찬과 애정 표현도 많이 해주었다. 그러나 어쩌면 어머니의 이 칭찬과 애정표현이 그 아이에게는 '착한 아이'가 되어야만 하는 이유가 되었을 수 있다.

다른 사람의 요구를 쉽게 거절하지 못하고 눈치를 먼저 보면서 자신의 욕구를 솔직히 표현하지 못하는 사람들은 '그렇게 하지 않으면 타인의 인정을 받지 못할 것'이라는 믿음이 마음 깊이 존재하는 경우가 많다. 겉으로 보기에 다른 사람에게는 좋은 사람, 착한 아이라고 인정받겠지만 정작 아이 스스로의 심리 상태는 조금씩 나빠지고 있었을지도 모른다.

참으면 병이 된다

ADHD나 틱장애는 부모가 조금 관심을 가지고 살펴보면 눈에 띄는 증상이 보이기에 인지하기가 크게 어렵지 않다. 산만하고 집중을 못 한다거나 충동적인 행동을 보이는 것, 혹은 의미 없는 어떤 행동을 지속적으로 반복하는 것은 누가 보아도 문제 행동이라고 인지하기에 어렵지 않을 것이다. 그러나 정서적으로 힘들거나 속상해도 말을 하지 않고 겉으로 드러내지 않는 아이의 심리적인 문제야말로 부모가 관심을 가지고 파악해주어야 하는 부분이다.

특히 평소에 표현을 하지 않는 아이는 심리적인 자극을 해소하지 못하고 있다가 한 번에 문제가 발생하기도 한다. 흔히 "참으면 병이 된다"고 하는데 아직 마음의 힘이 약한 아이들은 두말할 필요가 없을 것이다. 아이가 가지고 있던 불안감은 그대로 쌓여 몸의 증상으로 나타난다. 앞서 언급했던 두통, 복통, 어지럼증을 포함하여 빈뇨, 야뇨, 변비 등의 대·소변 문제, 야제증, 야경증과 같은 수면 문제가 대표적이다. 혹은 동생이 태어난 뒤 일시적인 퇴행현상을 보이는 아이도 많다.

어느 날 갑자기 아이가 10~20분에 한 번씩 소변을 보고 싶다고 해서 병원에 갔는데 다른 이상이 전혀 없다며 신경성 혹은 스트레스성 증상이라는 진단을 받는 경우, 평소 문제가 없다고 생각했던 부모는 당황하게 된다. 신체적 증상이 드러나는 것은 아니더라도 평소 얌전하고 부모 말도 잘 듣던 아이가 갑자기 부모에게 반항하듯 말을 잘 듣지 않거나 짜증을 내면 부모들은 "내 아이 속을 모르겠어요"라는 호소를 하기도 한다. 이는 그 동안 아이가 받았던 정서적인 자극이 쌓여서 나타나는 반응이라고 생각하는 것이 옳을 것이다.

부모의 양육태도부터 돌아보자

아이가 평소 자신이 하고 싶은 것보다는 부모가 시키는 것을 따르려고 하고, 스스로의 주장을 펼치거나 불편한 감정 상태를 표현하는 일이 적은 편이라면 부모가 먼저 아이의 마음을 돌아봐 줄 필요가 있다. 지나치게 부모의 눈치를 많이 보지는 않는지, 평소 자신이 원하는 바를 어느 정도 부모에게 얘기하고 있는지, 그리고 뭐든지 "나는 못해" 하면서 풀이 죽어있거나 자신감 없는 모습을 보이지는 않는지 살펴보아야 한다. 또 이런 아이들은 또래 친구들과 잘 어울리지 못하거나 혹은 무조건 양보하고 다른 아이에게 맞춰주는 모습을 보이기도 한다. 특히 아이가 둘 이상이라면 이런 아이들은 까탈스러운 기질의 아이에 비해 부모의 집중적인 관심을 받지 못하는 경우가 많다. 이런 경험이 반복되다 보면 더욱 의기소침해지거나 마음속에서 불안한 혹은 억울한 감정이 쌓일 수 있어 부모의 세심한 관심이 필요하다.

그리고 부모 스스로의 양육태도나 기질도 살펴보아야 한다. 부모가 강압적이거나 지나치게 아이를 바르게 키우려고 하는 경우에도 정서적 자극으로 인한 신체화 증상이 나타나기 쉽다. 부모 마음이야 어떻게든 아이를 잘 키우고 싶은 마음에 이런저런 잔소리를 하는 것으로 생각할 수 있지만, 사사건건 아이의 행동을 지적하게 되면 아이도 주눅이 들게 된다. 또 아이는 여러 시행착오를 겪으면서 스스로의 감정을 파악하는 법이나 사회적인 규칙을 지키는 이유 등을 익혀야 하는데 무조건 부모가 규칙을 정해놓고 따르기를 강요한다면 아이는 본인의 감정을 인지하지 못하는 상태가 되기도 한다.

따라서 만약 아이가 위에 해당하는 행동을 보인다면 우선 부모의 양육 태도를 허용적으로 바꿀 수 있도록 노력해야 한다. 부모의 기준에 맞추기보다는 아이의 수준에 맞는 기준을 새롭게 설정하는 것이 필요하다. 또한 아이가 스스로의 감정과 주장을 밖으로 꺼내보일 수 있도록 천천히 기다려주고 배려해주어야 한다. 아이는 본인의 주장이 받아들여지고 그것이 좋은 결과로 이어지는 경험을 하면서 점점 자신감을 찾을 것이다. 이런 순한 기질의 아이일수록 한 번 더 물어봐주고, 한 걸음 더 기다려주는 부모의 자세가 중요하다.

어른스러운 아이는 없다

항상 강조하지만, 아이는 아직 성장하는 존재라는 사실을 잊지 말아야 한다. 아이는 '아이다운 것'이 가장 자연스럽다. 부모의 말에 반대로 행동하고, 상황과 상관없이 하고 싶은 행동을 하고, 고집을 부리는 존재다. 그러다 점차 부모의 양육과 함께 교육기관을 거치고 사회생활 경험이 쌓이면서 '어른스러워지는 것'이다.

따라서 항상 조용하고 말 잘 듣는 어른스러운 아이를 오히려 걱정하고 살펴주어야 한다. 이런 아이는 마음속의 상처나 스트레스로 인해 마음 발달을 제대로 이루지 못할 가능성이 높다. 아이의 몸이 보내는 신호에 항상 민감하게 반응해주고 부모가 아이에게 한 번 더 용기낼 수 있는 기회를 준다면 아이는 금방 회복하고 천진난만한 모습으로 돌아갈 수 있을 것이다.

부모와 아이에게도 기질 궁합이 있다

유독 정이 더 가는 이유

진료를 보면서 부모와 이런저런 육아에 대한 고충을 이야기하다 보면 "아이 둘 중에 한 명이 더 예쁘고 정이 가요"라는 말을 꽤 자주 듣게 된다. 아이들이 똑같은 잘못을 해도 마음이 더 가는 아이는 '실수했구나' 하며 쉽게 수긍되고 다음에는 그렇게 하지 말라는 가벼운 주의를 주고 넘어가지는데, 상대적으로 마음이 덜 가는 아이는 왜 이런식으로 행동하는지 이해되지 않으면서 괜스레 짜증부터 올라와 자주 화를 내게 된다는 것이다. 그러고나면 금방 후회하면서 '별것도 아닌데 내가 왜 화를 냈지? 다음에는 이러지 말아야지' 하고 나짐하게 되지만 돌아서면 나도 모르게 또 아이의 행동이 눈에 밟힌다고 한다.

'열 손가락 깨물어 안 아픈 손가락 없다'는 말도 있듯이 부모는 모든 자식을 사랑한다. 둘 다 사랑스럽고 소중한 내 아이지만 조금 더 편하게 이해되고 대하기 편한 아이가 있는 반면 행동이나 생각이 나의 방식과는 달라서 속을 알 수 없고 대하기가 어려운 아이가 있다. 이는 어머니의 잘못도 아이의 잘못도 아니다. 그저 여러 유형의 사람 중에 나와 잘 맞는 사람, 상대적으로 그렇지 않은 사람이 있는 것이다.

기질에 따라 반응도 다르다

일반적으로 사람의 유형을 '기질'이라고 하는데, 심리학에서 기질은 태어나면서부터 타고나는 개인의 특성을 의미한다. 기질에 따라 어떠한 자극에 대한 반응이 달라진다. 그리고 이 차이는 아직 환경적인 영향을 거의 받지 않은 신생아에서부터 나타난다.

태어난 지 한 달도 안 된 신생아 중에서도 똑같이 "쿵" 하는 소리를 들었을 때 조금 울다가 금방 그치는 아이가 있는 반면, 소리를 들은 순간부터 목청껏 울기 시작하고 달래기 힘든 아이가 있다. 또는 유치원에 처음 간 날에 가까이 앉은 친구에게 스스럼없이 말을 걸고 먼저 다가가는 아이가 있는 반면 어머니 뒤에 숨어서 좀처럼 아이들과 섞이지 못하는 아이도 있다.

이처럼 아이들은 자신의 기질에 따라 살아가면서 받는 여러 자극과 상황에 대한 반응이 달라진다. 그 반응에 따라 아이가 받는 피드백도 달라질 것이며 이는 아이의 다음 행동에도 영향을 주게 된다. 이에 따라 반복되는 아이의 행동 양식이 생기게 되고 이런 것들이 점차 축적되면서 한 개인의 성격이나 개성이 형성된다.

기질이 잘 맞지 않는 사람들끼리는 서로의 행동이나 사고방식을 이해하는 데 조금 더 노력이 필요하다. 특히 부모와 아이의 기질이 다른 경우, 아이는 지속적으로 부정적인 피드백을 받게 되어 자신이 가진 기질의 장점을 마음껏 펼치기 어려울 수 있다. 사람의 기질은 살아가면서 조금씩 표현되는 방식이 달라질 수는 있지만 기질 자체가 바뀌지는 않는다. 따라서 아이의 기질을 올바르게 파악하고 그 기질에 맞는 양육태도와 환경을 제공하는 것이 아이의 성격 형성과 부모와의 애착 형성에 매우 중요하다.

우리 아이는 어느 기질에 속할까?

기질 유형을 나누는 검사에는 여러 가지가 있지만, 여기서는 클로닝거(C. R. Cloninger)의 '심리생물학적 인성모델'에 기초하여 개발된 'TCI 기질 및 성격 검사'에서 평가하는 네 가지 기질을 간단히 설명하려고 한다. 크게 네 가지 기질로 나누지만 각 기질의 세부항목이 있고 기질 간의 상호작용이 존재하므로 정확한 결과를 알기 위해서는 공인된 검사를 받아보는 것을 추천한다.

첫 번째 기질은 늘 새로운 것을 추구하고 재미있는 것, 자극적인 것을 선호하는 기질이다. 자극 추구의 기질이 높은 아이들은 호기심과 에너지가 넘쳐서 새로운 장소에 가거나 새로운 장난감을 가지고 노는 것을 굉장히 좋아한다. 처음 가는 키즈카페에 가면 홍분하고 그 장소를 끊임없이 탐색하며 잘 지치지도 않는다. 늘 여기저기를 뛰어다니고 본인이 직접 만져보고 해봐야 직성이 풀리기 때문에 이런 기질의 아이를 키우는 어머니는 아이가 통제가 되지 않는 느낌을 받기 쉽다. 또 새로운 자극이 들어오면 그것에 완전히 관심을 빼앗기고 그 이전에 가지고 놀던 장난감은 내팽겨쳐버리기 때문에 산만하고 집중력이 약하다고 생각할 수 있다.

반대로 이러한 기질이 낮은 아이들은 새로운 것보다는 안정적인 것을 선호하기 때문에 익숙한 장소, 익숙한 장난감을 좋아한다. 규칙과 질서가 세워진 상태에서 안정감을 느끼고 단조롭고 반복되는 작업을 잘 견디기 때문에 한 가지 일을 진득하게 하는 편이다. 대신 호기심이 부족하고 변화에 적응하는 것을 어려워할 수 있다.

두 번째 기질은 위험 회피의 기질로, 본인이 생각하기에 위험하다고 생각되는 상황에서 그것을 피하고 위축되는 반응을 일컫는다. 이 위험은 실제로 위험한 높은 곳, 위험한 동물일 수도 있지만 그리 높지 않은 계단, 아주 작은 강아지처럼 실질적인 위협이 되지 않음에도 자신이 위험하다고 생각하는 모든 것을 포함한다. 사회적인 상황에 대한 두려움도 있어서 낯선 사람이 많은 곳에 가면 부모의 손을 잡고 떨어지지 않으려 한다. 이러한 회피의 성향이 높은 아이는 겁이 많고 잘 놀라며 긴장의 정도가 높다. 자신이 잘 모르는 상황을 매우 두려워해서 어떤 일이 오기 전부터 걱정을 늘어놓거나 피하려고 하고 귀신, 사고, 천재지변 등 실체가 없는 것에 대한 막연한 두려움을 가지는 경우도 있다.

세 번째 기질은 다른 사람과의 사회적 관계, 감정에 대한 민감성이다. 사회적 민감성이 높은 아이는 공감력이 뛰어나고 다른 사람의 기분이나 감정을 읽는 능력이 좋은 편이다. 어머니의 감정 변화를 기가 막히게 캐치해서 그에 맞춰서 행동하거나 어머니의 좋지 않은 기분을 풀어주기 위해 노력하기도 한다. 다른 사람의 감정에 민감하기 때문에 주변 사람들의 반응을 잘 살피게 되고 타인의 인정이나 칭찬에 영향을 많이 받는다.

네 번째 기질은 인내력으로, 지금 당장의 보상이 없더라도 끈기있게 행동을 이어나가는 기질이다. 인내력 성향이 높은 아이는 한 장난감을 오래 가지고 놀고 한 가지에 몰두하고 집중하게 된다. 여기에는 잘하고 싶은, 완벽하게 성취하고 싶은 경향도 포함이 되어서 잘되지 않더라도 시도한 일을 끝까지 해내려고 한다. 대신 융통성이 부족할 수 있고 어려운 일은 처음부터 시작하지 않으려고 할 수도 있다.

이 네 가지 기질은 사상체질처럼 네 가지 유형 중 한 가지에 해당되는 것이 아니라, 한 사람이 자극 추구와 위험 회피가 동시에 높을 수도 있고 동시에 낮을 수도 있다. 이 기질들 간의 상호작용을 통해 굉장히 다양한 경우의 수가 생기기 때문에 내 아이의 기질 특성을 정확히 파악하는 것이 중요하다.

나는 아이의 반응을 잘 알아주는 부모일까?

아이의 기질적 특성을 파악했다면 부모 기질과의 궁합을 생각해볼 필요가 있다. 자극 추구가 높은 아이가 있다고 가정해보자. 그 아이는 아무래도 집에서 가만히 있지 못하고 여기저기 올라가고 뛰어다니기를 반복할 것이다. 또 한 가지를 진득하게 하지 못하고 블록을 가지고 놀았다가 책을 펼쳤다가 색칠을 했다가 끊임없이 여러 가지를 반복한다. 그러다보면 집에 있는 모든 장난감을 다 가지고 나와 거실에 펼쳐놓는 일도 다반사다.

이때 어머니의 기질이 자극 추구가 낮고 위험 회피가 높은 기질이라면 어떨까? 어머니는 아마 아이가 도저히 이해되지 않을 것이다. 제대로 가지고 놀지도 않을 장난감을 왜 다 꺼내어 오는지도 모르겠고 한 가지도 제대로 끝내지 못하는 모습에 '우리 아이가 ADHD는 아닐까?' 하고 걱정이 되기도 한다. 위험하게 뛰어다니고 앞뒤를 잘 살피지 않는 모습에 다칠까 봐 걱정도 되고 아이의 넘치는 에너지를 따라가지 못하다보니 아이가 버겁게 느껴지기도 한다. 아이가 좀 차분히 앉아 있는 시간도 있었으면 좋겠는데 도저히 그럴 기미가 보이지 않으니 어머니도 점차 지칠 수 있다.

반대의 경우로 어머니는 자극 추구가 높은 편이나 아이는 그렇지 않은 상황도 있을 수 있다. 새로운 자극을 선호하는 어머니는 아이가 재미있게 놀아줬으면 하는 생각에 새로운 장난감이나 교구도 준비해주고 여기저기 아이가 놀기 좋다는 키즈카페도 검색해서 데려가고 치열한 경쟁을 뚫고 캠핑장을 예약해두기도 한다.

하지만 아무리 준비해도 아이의 반응은 시큰둥하다. 새 장난감을 사줘도 별로 좋아하는 기색도 없고 예전부터 가지고 놀던 블록만 한참 가지고 논다. 블록을 좋아하나 싶어 새로 나온 다른 블록을 사줬지만 그것도 어디 구석에 들어가있는지 보이지 않는다.

어머니는 '아이가 무엇을 좋아하는지 내가 제대로 알아주지 못하는 건가?' 싶어 미안하기도 하고 본인의 마음을 몰라주는 아이에게 내심 섭섭하기도 하다. 새롭고 다양한 경험을 많이 하게 해주고 싶은데 늘 차분하고 새로운 장소를 두려워하는 아이가 답답하기도 할 것이다. 게다가 어머니가 보기에 아이가 어찌나 겁이 많은지 뭐 하나 시도하려고 해도 일단 뒤로 물러서는 경우가 많아 걱정이 되기도 한다.

한번은 다른 애들이 좋아한다는 양떼목장 먹이주기 체험을 갔다가 아이가 울고불고 도망만 다니는 바람에 체험을 끝내지 못하고 집으로 돌아온 적도 있다. 그러다 보니 어머니도 짜증이 나고 아이가 앞으로 사회생활을 잘할 수 있을지 친구들과 잘 어울려 지낼 수 있을지 걱정도 된다. 이렇게 어머니와 아이가 다른 기질을 가진 경우, 상대의 기질이 더 도드라지게 보이면서 아이를 이해하기 어려울 수 있다. '도대체 이 재미있는 걸 왜 재미없어하지?' 혹은 '이렇게 위험한 일을 왜 하는 거지?' 하며 어머니의 기준으로 아이를 판단하려고 하면 안 된다. 이렇게 다른 기질을 가진 경우, 그것이 잘못된 것이 아니라 나와는 다른 것이라는 사실을 이해하고 아이의 입장에서 한 번 더 생각하는 것이 필요하다.

이 과정이 제대로 이루어지지 못한다면 아이가 가진 기질적인 장점을 이끌어내지 못하고 부정적인 자아상을 만들어줄 수 있다. 위험 회피가 높은 아이라면 겁이 많고 새로운 것에 대한 호기심이 적지만 대신 다가올 일에 대한 걱정이 많아서 꼼꼼하게 준비를 하고 실수가 적다. 이런 아이의 특성을 잘 이해하지 못한 채 부모조차도 아이를 겁이 많고 내성적이라고만 생각한다면 이런 부정적인 자아상이 아이에게도 영향을 줄 것이다.

무언가 새로운 시도를 하지 않고 겁을 내는 아이에게 "너는 겁쟁이처럼 왜 그러니? 한 번 해봐"라는 식으로 말하는 것과 어떤 점이 무서운지를 물어봐주고 안심을 시켜주며 "이제 신중하게 잘 살펴봤으니 한 번 해볼까?"라고 이야기하는 것은 큰 차이가 있다. 이런 반응이 반복됨에 따라 아이는 스스로를 소심한 겁쟁이라고 생각할 수도, 신중하고 꼼꼼한 사람이라고 생각할 수도 있는 것이다.

정해진 기준은 없다

아이의 기질을 정확히 파악하지 못하더라도 가장 중요한 것은 아이를 부모의 기준으로 판단하고 선을 그어버리지 않아야 한다는 것이다. 아이의 이해되지 않는 행동 반응을 보면서 답답해하지만 말고 왜 아이는 그렇게 행동하고 반응하는지 이유를 생각해보자. 이유를 짐작해 보면서 아이의 행동을 곰곰이 돌이켜보면 우리 아이가 무엇을 선호하고 어떤 기질을 가지고 있는지 대략적으로 알

수 있을 것이다. 이렇게 파악된 아이의 기질이 부모와 다르더라도 내 기준에서 아이를 보는 것이 아니라 아이의 기준에서 바라봐준다면 아이에 대한 이해의 폭이 훨씬 넓어질 것이다. 또 상대적으로 대하기 어려운 아이가 왜 지금까지 그런 식으로 행동했는지 조금 더 이해가 되고 아이 특유의 장점도 찾아볼 수 있을 것이다.

사람이 가진 기질에는 좋은 기질, 나쁜 기질이 정해진 것은 아니다. 다른(different) 것이지 틀린(wrong) 것은 아니다. 모든 기질에는 각각의 장점과 단점이 존재한다. 아이의 기질을 파악하고 그 기질의 장점을 최대한 끌어내주는 것이 부모의 역할이다. 그리고 그 기질의 특성에 맞게 훈육을 해야 부모의 육아가 조금 더 수월해질 것이다. 아이가 세상을 바라보고 반응하는 기준, 기질이 꼭 부모와 같지 않을 수 있다는 사실을 기억하자.

TIP

TCI 검사란?

TCI 검사는 개인의 기질과 성격을 구분하여 측정하는 인성검사다. 기질은 유전적으로 타고나는 것에 가까운 것으로 생각되며 일생동안 비교적 일관되게 나타난다. 이에 비해 성격은 그 기질을 바탕으로 후천적으로 얻어지는 경험과 환경에 따라 성숙하고 적응하는 것이다. 따라서 같은 기질을 타고나더라도 부모가 어떻게 양육을 하고 어떠한 환경을 제공하느냐에 따라 다른 형태로 발달해나간다고 볼 수 있다.

TCI 검사는 자격 요건을 갖추고 소정의 교육을 거친 전문가가 있는 병원 및 한의원, 심리상담센터에서 가능하다. 꼭 문제가 있는 아이에게 시행하는 것이 아니다. 가족 구성원 간의 이해의 폭을 넓히고 아이의 기질을 있는 그대로 받아들이고 발전시키는 데 도움을 받기 위한 기초 자료로서 기질 검사를 받아보는 것을 추천한다.

내 감정부터 관리하자

누구에게나 쉽지 않은 육아

육아라는 것이 알면 알수록 참 어렵다. 그 속에서 얻을 수 있는 기쁨이야 말할 것도 없이 크고 값진 것이지만 그래도 힘든 것은 어쩔 수 없다. 아이를 낳기 전 마음의 준비를 수없이 하지만 막상 내 앞에 놓인 육아의 세계는 상상 이상이다. 그러다보니 피로와 스트레스가 쌓여 육아 우울증, 산후 우울증을 겪는 경우가 많아지고 있다. 특히 코로나19 상황으로 아이들과 가족이 모두 집에 있는 시간이 길어지다 보니 어머니가 휴식을 취하고 재충전을 할 기회가 적어지면서 상황이 악화되는 경우가 많아지는 것 같다.

산후 우울증이 위험한 이유 중 하나는 그것이 아이에게 악영향을 주기 때문이다. 영국에서 진행된 연구에 따르면 적절하게 치료되지 못한 산후 우울증은 아동의 정서적·행동적·인지적 발달에 부정적인 결과를 초래할 수 있다. 이 연구에서는 산모의 산후 우울증은 2세 아동의 행동문제와 유의한 관련이 있고, 우울증을 앓는 어머니의 아이들이 발육부진의 위험이 높다고 밝혔다.[44] 이처럼 어머니의 정서나 감정이 불안정하면 아이의 성장과 발달에 큰 영향을 줄 수 있는 것이다.

그러나 육아를 하면서 어머니가 겪는 일상생활은 스트레스를 받을 일투성이다. 그중 큰 부분을 차지하는 것이 육아가 내 마음대로 되지 않는다는 사실일 것이다. 아이는 늘 어머니 마음 같지 않다. 감기에 걸려서 콧물을 훌쩍이면서도 아이스크림을 먹겠다고 울면서 떼를 쓰기도 하고, 도무지 이해가 되지 않는 일로 화를 내기도 한다. 아이가 계속 고집을 부려 마음먹고 훈육을 해도 아이는 오히려 어머니의 화를 돋우기도 한다. 이때 가족들이라도 훈육을 도와주면 좋은데 가정의 분위기가 그렇지 않은 경우도 있고 오히려 훈육을 하는 어머니에게 "뭐 그런 걸로 애를 혼내냐?"라며 핀잔을 주기도 한다.

그러다보면 내가 아이를 잘못 키우고 있는 것인지 고민도 되고 스스로 자신감도 떨어질 수 있다. 그렇게 '자기효능감'이 떨어지면서 '내가 지금 여기서 무엇을 하고 있는 거지?' 하며 스스로 우울감이 깊어지기도 한다. 또 육아를 하다 보면 그 이전에 어머니가 가지던 사회적 관계와는 단절이 되는 경우가 많은데 이 때문에 어머니는 사회적 고립감을 느끼기도 하고 육아 이후 직장 생활이나 미래에 대해 더 큰 불안이 오기도 한다.

마음을 돌보는 여유가 필요하다

육아를 하다보면 보통 어머니의 건강이나 스트레스에는 무뎌지기 마련이다. 아무래도 가정의 모든 일이 아이를 중심으로 돌아가게 되기 때문에 어머니의 컨디션은 사실 '아이를 키우다 보면 이 정도는 참고 넘어가야 하는 것'쯤으로 치부되기 쉽다. 한의원에서 진료를 보다 보면 아이는 예쁜 머리띠, 원피스에 반짝이는 구두까지 신경을 많이 써서 예쁘게 입혀오지만 반대로 어머니는 늘어난 티셔츠를 입고 헝클어진 머리에 퀭한 눈으로 오는 경우가 많다.

물론 외모에 신경을 써야 한다거나 예쁜 옷을 입고 와야 한다는 말은 아니다. 다만, 아이를 낳기 전에, 혹은 결혼하기 전에도 외출을 할 때 이렇게 거울 한 번을 보지 않고 외출한 적이 있었을지, 그리고 지금 스스로의 마음을 들여다보고 스스로를 아껴줄 수 있는 시간과 기회를 가지고 있을지를 생각해보면 조금 걱정스러운 마음이 들기도 한다. 이렇게 육아를 하는 가정환경이 어머니를 더 주눅들게 하고 우울감을 느끼기 쉽게 한다면, 결국 어머니에게 육아는 더욱 고통스럽게 느껴질 것이다.

밥을 안 먹겠다고 도망다니다가 밥 그릇을 엎어버린 아이에게 평소 같으면 말 없이 치우면서 밥을 한 숟가락이라도 더 먹이려고 애를 썼을 텐데 어머니 스스로가 감정 조절이 잘 되지 않으면 괜히 아이에게 화를 내거나 모진 말을 하게 될 수 있다. 이런 일이 반복되다 보면 당연히 아이의 마음 건강에도 적신호가 오기 쉽다. 어머니의 감정에 따른, 일관성이 없는 훈육은 아이에게 와닿지 않는다.

오히려 아이의 고집을 키우거나 반대로 어머니에 대한 의존도를 과도하게 높이는 결과를 가져오기도 한다. 같은 일도 어떤 날에는 안 된다고 했다가 어떤 날은 아이가 고집을 부리니 자포자기하는 심정으로 허용해줬다면, 전후사정을 모르는 아이는 '고집을 피우면 내가 원하는 것을 얻을 수 있구나' 하는 생각을 하게 된다. 그래서 무조건 고집을 부리고, 하고 싶은 대로만 행동할 수 있다.

혹은 반대로 어차피 모든 것이 어머니의 감정에 달려서 결정되다 보면 아이는 스스로 행동에 대한 규율을 정하지 않고 무조건 어머니의 판단을 따르게 되어 의존도가 더 높아지기도 한다. 어느 쪽이든 어머니에게는 육아를 더 힘들게 하는 결과이고 당연히 어머니는 점점 지쳐갈 것이다.

어머니가 스스로의 마음을 돌아보고 자신에게 관심을 갖는 것은 좋은 육아를 위한 중요한 과정 중 하나다. 이는 올바른 훈육을 위해서도, 행복한 육아를 위해서도 매우 중요하다고 할 수 있다. 어머니가 무조건 참고 아이와 육아 상황에 맞추어야 하는 것은 아니다. 재충전의 시간을 갖고 마음을 정리할 수 있는 기회가 꼭 필요하다. 이를 위해서는 현재의 신체적·정신적 건강 상태를 짚어보아야 한다. 특히 육아를 하다 보면 허리, 손목 등 관절 통증이나 만성 피로가 생기기 쉬운데 이 또한 그저 참고 넘어가는 경우가 많다. 이렇게 몸이 아프다 보면 정신적으로도 약해지기 쉬우므로 이 부분을 넘기지 말고 아이와 함께 병원에 내원해서 적절한 치료를 받는 것이 좋다.

그리고 스스로 생각했을 때 현재 정서적인 심리 상태가 좋지 않다면 그저 참고 견디는 것이 아니라 주변에 꼭 도움을 청해야 한다. 육아 동반자인 남편을 비롯해 가족, 주변 지인 등 도움을 받을 수 있는 곳이라면 어디든지 현재 상황에 대해 같이 의논하고 해결책을 찾는 것이 필요하다. '나만 참으면 되겠지'라는 생각으로 인내하다 보면 오히려 결과적으로 어머니와 아이에게 모두 좋지 않은 영향을 줄 수 있다.

주기적으로 어머니도 혼자만의 재충전 시간을 가지는 것이 필요하다. 아직까지 우리 사회에서는 가정 내에 '어머니'의 역할이 너무 많고 중요하다. 그러다보니 어머니는 항상 쉬는 시간이 없이 하루 24시간 내내 일을 해야만 하는 상황이 많다. "워킹맘은 직장에서 퇴근한 뒤 집으로 다시 출근한다"는 말이 있을 정도다. 어머니는 슈퍼맨이 아니다. 어머니에게도 혼자만의 시간, 쉬면서 재충전을 할 수 있는 기회가 꼭 있어야 한다. 길지 않더라도 매일 30분이라도, 혹은 매주 주말의 특정 시간이라도 가족과 상의해 본인만의 시간을 갖도록 해보자. 훨씬 육아에 여유가 생길 것이다.

마음의 힘

아이의 면역력이라는 것이 주유소에서 연료를 주유하듯 채워지는 것이 아니라는 이야기를 했었다. 그러나 아이의 마음 면역력은 가정에서 가족과 함께 행복한 시간을 보내면서 재충전이 되고 또 그 시간은 아이가 세상으로 나아갈 수 있는 원동력이 된다.

아이는 태어나 가족에 대한 애착과 믿음을 통해 '이 세상이 좋은 곳이고 안전한 곳이구나' 하는 마음을 가진다. 그리고 그 애착을 바탕으로 단체생활을 시작하고, 친구 관계를 맺고 이 사회를 향해 한 발자국씩 나아가는 것이다. 어른인 우리도 마찬가지다. 우리도 하루 종일 직장에서 시달리다가 퇴근 후 집에서 가족들과 함께 즐거운 시간을 보내면서 다시 내일을 살아갈 힘을 얻는다. 아이들도 집에서 부모님과 행복한 시간을 보내면서 그 안에서 자존감을 기르고 다시 한 발자국 성장할 힘을 재충전하는 것이다.

영화 〈리틀 포레스트〉를 보면 어머니와 주인공 혜원은 자신만의 작은 숲, 삶을 살아가기 위해 꼭 필요한 작지만 소중한 나만의 의미가 있는 것을 찾아야 한다고 말한다. 아직 다 성장하지 못한 아이에게는 어머니가 그 작은 숲이면서 또한 전부일 것이다. 어머니는 아이에게 넉넉한 숲이 되어주기 위해 자신만의 작은 숲을 찾는 과정이 꼭 필요하다. 어머니의 마음이 힘을 잃지 않아야 아이의 마음 면역력도 꼭꼭 채워줄 수 있다.

부록

부모들이 가장 궁금해하는 질문

우리 아이에게 필요한 영양제는 무엇일까요?

요즘은 아이들을 위한 영양제나 건강기능식품이 정말 다양하게 나오고 있고, 부모들의 관심도 높다. 그래서 진료 중에 아이들에게 영양제에 대해 물어보면 보통 두 가지 이상의 영양제를 복용하고 있는 경우가 많다. 하지만 영양제나 건강기능식품은 많이 먹는다고 무조건 좋은 것은 아니기 때문에 꼭 필요한 한두 가지 영양제를 선별하여 복용하는 것을 추천한다.

필수 영양제인 유산균과 비타민 D

모든 아이에게 필수적으로 추천하는 것은 유산균이다. 보통 프로바이오틱스 제품은 흔히 변비나 설사 등 장이나 소화기에 문제가 있는 경우에 먹는 것으로 오해하기 쉽다. 그러나 장내에 인체 면역 세포의70~80%가 있다고 할 정도로 장은 면역과 밀접한 연관이 있으며 알레르기 질환의 예방과 관리에도 유산균은 필수적이다. 따라서 면역 조절이 아직 미숙하고 알레르기 질환에 취약한 아이들에게는 유산균은 꼭 기본적으로 복용하도록 하고 있다. 유산균 다음으로 추천하는 기본 영양제는 비타민 D다. 비타민 D 역시 면역과 알레르기 조절에 도움을 주기도 하고 아이들의 건강한 성장에도 도움이 된다. 비타민 D는 칼슘의 흡수를 도와주는 역할을 하므로 뼈 건강에도 중요하다. 특히 코로나19 상황으로 인해 실내에 머무르는 시간이 길어진 만큼 필수 영양제라고 할 수 있다.

편식이나 식욕부진에는 비타민 B군과 칼슘

편식을 하거나 식욕부진 등으로 먹는 양이 일정하지 않은 아이의 성장이 걱정된다면 비타민 B군과 칼슘을 추천한다. 아이들은 대표적으로 우유와 유제품에서 칼슘을 섭취하게 되는데 우유나 치즈 등 유제품을 거부하는 아이라면 부족할 수 있는 칼슘을 보충하는 것이 좋다. 또한 육류와 채소 등 특정 음식을 편식하는 아이라면 부족해지기 쉬운 비타민 B군과 철분을 따로 섭취할 수 있도록 한다. 비타민 B군은 전반적인 신체 대사와 에너지 생성에 중요한 영양소고 철분은 혈액과 근육의 생성에 필수적이므로 칼슘, 비타민 B, 철분은 아이의 성장에 매우 중요한 역할을 한다. 음식에서 섭취하면 좋겠지만 그럴 수 없다면 보조적인 영양제를 챙기는 것이 좋다.

오메가3의 효력

마지막으로 추천하는 영양제는 오메가3다. 오메가3는 필수 지방산으로 기름진 음식, 인스턴트 음식 등을 많이 먹는 아이들에게 필수적이며 우리 몸 조직을 구성하는 세포막의 주요 성분으로 여러 신체대사에도 관여한다. 또한 뇌와 눈 조직의 중요한 구성 성분이기 때문에 한창 두뇌와 시각이 발달하는 성장기 아이들에게 필수적이다. 특히 스마트 기기 사용이 잦은 요즘 아이들에게 추천하며 ADHD 개선에도 일정 부분 효과가 있는 것으로 알려져 있을 만큼 두뇌 건강과 학습에 도움을 줄 수 있다.

적금 넣듯 복용하자

이들 영양제는 의약품이 아니기 때문에 지금 복용을 시작한다고 해서 즉각적인 효과를 보기는 어렵다. 그러나 이 영양성분들이 차곡차곡 쌓여 신체 활성과 건강에 도움이 되는 것이므로 적금을 넣듯이 꾸준히 복용하는 것이 필요하다. 아이에게 어떤 영양제를 먹여야할지 헷갈린다면 동네 주치의와 상담을 통해 추천을 받는 것도 좋다.

홍삼이 안 맞는 아이도 있나요?

건강기능식품 중 요즘 가장 많은 부모가 먹이고 있는 것은 단연 홍삼일 것이다. 느낌상으로는 거의 안 먹어 본 아이가 없을 정도인 것 같다. 대중적인 건강기능식품이니만큼 홍삼에 관한 질문도 많은 편이다. 가장 많이 물어보는 것은 우리 아이가 홍삼이 잘 맞는 체질인지 아닌지 물어보는 질문이다. 아무래도 홍삼 제품이 인삼이라는 한약재를 활용해 만든 것이기 때문에 한약처럼 생각하시는 분들이 많지만 홍삼은 한약이 아니라 건강기능식품에 속한다.

따라서 나는 보통 질문을 받으면 홍삼은 건강기능식품으로 여러 식품 중 건강에 도움이 될 수 있는 기능성을 인정받았고, 심각한 부작용이 없을 정도로 제조된 후 판매되기 때문에 크게 개의치말고 먹이셔도 괜찮다고 말씀을 드린다. 그리고 사실 시중에 나와있는 홍삼 제품, 특히 아이들이 먹는 어린이용 홍삼 제품의 경우 홍삼 함량이 높지 않은 경우가 많다. 오히려 아이들 홍삼 제품에는 감미제가 너무 많이 들어가기도 해서 이 부분을 꼼꼼히 살펴보는 것이 필요하다. 다만, 홍삼이라는 약재의 성질을 고려했을 때 너무 긴 시간 장복하는 것은 권하지 않는다.

홍삼은 인삼을 찐 것인데, 인삼은 기본적으로 따뜻한 성질을 가지고 있고 우리 몸의 양기(陽氣)를 올려주는 역할을 한다. 이 성질로 인해 한의학에서는 오랫동안 인삼을 몸의 기운을 보하고 면역력을 높이고 피로 개선에 도움을 줄 수 있는 것으로 보고 사용해왔고 현재 홍삼의 기능성 또한 동일하게 인정받고 있다. 따라서 평소에도 열이 많은 아이, 유독 더위를 많이 타고 땀이 많은 아이, 코피가 자주 나고 두통이 잦은 아이, 피부 발진이 자주 올라오고 피부가 예민한 아이, 변비가 있는 아이 등 체질적으로 양기가 많을 것으로 생각되는 아이는 홍삼 복용에 조금 더 주의하는 것이 좋다.

이런 경우 홍삼을 복용하는 것보다는 아이의 체질과 증상에 맞게 한의사가 처방한 한약을 복용하는 것을 권한다. 한약을 처방할 때는 만약 필요에 따라 인삼 등 따뜻한 성질의 약재를 쓰게 되더라도 그것을 조절할 수 있는 다른 약재를 가미하여 너무 한 쪽으로 성질이 치우치지 않도록 고려한 처방을 하게 된다. 무작정 홍삼만 오랫동안 복용하는 것보다는 전문가의 처방이나 조언을 받는 것이 좋다.

만약 이런 아이에게 홍삼을 복용시키게 된다면, 처음 2~3일 정도는 땀, 피부, 변 상태 등을 꼼꼼히 살피는 것이 좋다. 그리고 특별한 이상이 없다면 복용하되 한 달에서 길면 세 달 정도 복용하고 그 이상 꾸준히 장복하는 것은 권하지 않는다. 이는 열이 많은 체질의 아이가 아니더라도 동일하게 설명한다. 아무리 좋은 것이라도 딱 한 가지의 음식만 지속적으로 복용하는 것은 결국 그 성질이 치우치게 될 수 있기 때문이다.

다시 말해 시중에 나와있는 홍삼 제품은 크게 부작용이 없을 정도의 건강기능식품으로 안 맞는 체질의 아이가 먹는다고 해서 당장 큰 문제가 생기는 것은 아니다. 또한 면역력을 높이고 기력을 보강하는 좋은 약재 중 하나인 것도 틀림없다. 그러나 홍삼을 복용 한다고 해서 아이가 감기도 안 걸리고 밥도 잘 먹고 키도 크게 되는 것은 아니다. 따라서 홍삼만 무작정 맹신하여 한 가지만 과용하지 않도록 하는 것이 필요할 것이다.

한약에 대한 오해 다섯 가지

예전보다는 나아졌지만 여전히 한약에 대해 근거없는 오해를 가지고 있는 경우를 보게 된다. 여기서 모든 것을 설명할 수는 없겠지만, 반복해서 들어본 질문에 대해 간략히 답변해보려고 한다.

한약재는 중금속에 오염되어 있고 농약 덩어리라던데요?

현재 한의원에서는 모두 식품의약품안전처에서 관리하는 GMP(Good Manufacturing Practice) 기준을 통과한 한약재만 쓸 수 있다. 이는 일반적으로 시중에 식품으로 유통되는 것보다 안전한 것으로 오히려 관리체계가 상대적으로 부실한 건강원, 인증받지 않은 농장 등에서 구입하는 약재가 더 위험성이 높다고 볼 수 있다. 지인 소개로 산 약재, 인터넷에서 산 포장만 그럴듯한 약재 등은 검증되지 않은 것이므로 주의가 필요하며, 한의원에서는 인증받지 않은 약재를 쓸 수 없으니 걱정하지 않아도 된다.

한의원에서는 전부 국산 한약재만 사용하나요?

한약재는 그 종류마다 채취할 수 있는 지역이 따로 있다. 예를 들어 인삼은 우리 나라 인삼이 예로부터 가장 좋다고 인정되어 왔고 이런 약재는 당연히 국산을 사용할 것이다. 그러나 국내에서는 재배되지 않는 약재도 많고 오히려 중국산이나 외국산이 더 약성과 품질이 좋은 경우도 많다. 따라서 한약재를 무조건 국산만 고집하는 것은 이치에 맞지 않고 그것이 수입 과정에서 올바른 검사와 검증을 거친 약재인지를 확인하는 것이 더욱 중요하다. 앞서 설명한 것과 같이 수입산 약재 또한 식품의약품안전처의 철저한 검증을 거쳐 한의원에서 사용할 수 있다.

한약 먹으면 간이 나빠진다던데 사실인가요?

이 질문은 최근 몇 년간 가장 많이 들은 한약에 대한 오해 중 하나다. 이런 주장이 제기된 것에는 여러 가지 문제가 얽혀있지만 일반적으로 사람들은 한약은 간에 나쁘다는 명제만 기억하게 되는 것 같아 한의사로서 굉장히 속상한 질문 중 하나다.

한약이든 양약이든 우리가 먹는 밥이든 일단 입으로 들어간 것은 간에서 대사를 거치게 된다. 따라서 한약 역시 간 대사를 거치기는 하지만 이것이 간의 대사 능력을 벗어나거나 간에 무리를 주는 것은 아니다. 우리가 매우 안전한 것으로 인식하고 있고 편의점에서도 살 수 있는 '타이레놀'은 간세포를 손상시킬 수 있는 대표적인 약이지만 일반적으로 건강한 사람 중에 타이레놀의 간독성 때문에 그것을 복용하지 않는 경우는 거의 없다. 전문가의 처방아래 정해진 방법대로 복용하면 된다.

무조건 한약재는 다 간에 나쁘다는 오해가 정말 없어졌으면 좋겠다. 오히려 간 건강에 도움이 되는 한약재들도 많으며 이보다도 출처를 알 수 없는 즙이나 몸에 좋다는 무슨 뿌리, 무슨 뿔 같은 것을 전문적인 지식 없이 달여먹는 것이 훨씬 위험하다. 세상에 무조건 안전한 약, 안전한 음식은 존재하지 않는다. 따라서 약을 복용할때는 꼭 전문가와 상담을 하는 것이 필요하다.

한약 먹으면 살찐다던데 우리 아이도 그럴까요?

보통 밥을 잘 안 먹고 마른 아이에게 한약을 먹이는 문화가 있어서 그런지 아이가 한약을 먹고 살이 찔까봐 걱정하는 부모를 자주 본다. 그러나 한약을 먹는다고 해서 다 살이 찌는 것은 아니다. 너무 체중이 적게 나가는 마른 아이나 소화기가 약해 체중이 더디게 느는 아이라면 그에 맞는 치료와 보강하는 한약을 처방하기 때문에 살이 찔 수는 있지만, 이런 경우가 아니라 다른 증상에 대한 치료약을 쓰는 것이라면 한약을 먹는다고 해서 살이 찌지않는다. 아울러 어릴 때는 굉장히 마른 아이였는데 한약을 많이 먹고 초등학생이 된 뒤에 혹은 심하면 성인이 된 뒤에 살이 찌는 경우를 봤다며 한약을 먹으면 나중에라도 살이 찌는 것은 아닌지 궁금해하는 경우도 있는데 이 또한 근거가 없는 오해다.

상식적으로 3~4살때 먹은 한약 때문에 20년이 지난 뒤에 살이 찔 수는 없다. 보통 아이들은 어릴 때는 마르더라도 사춘기를 지나면서 살이 찌는 경우가 생기는데 이때 10년 전 또는 더 어릴 때 먹은 한약 때문이라고 오해하는 경우가 많은 것 같다. 그것은 아이가 그 당시 식습관과 활동량에 따라 혹은 호르몬의 변화에 따라 살이 찌는 것이지 예전에 먹은 한약 때문은 아니다.

한약은 다 보약인가요?

앞서서 잠깐 언급했지만 한약에는 보약만 있는 것이 아니다. 보강하는 성분의 약재도 많이 있지만 치료 목적으로 한약을 쓰는 경우도 굉장히 많다. 감기만 해도 감기 증상을 치료하는 처방과 한약재가 몇 백가지가 넘는다. 감기뿐만 아니라 비염, 아토피, 두드러기 등 알레르기 질환 및 피부질환, 복통, 변비, 설사 등 소화기 질환, 틱, 신경성 두통이나 수면 문제와 같은 신경정신성 질환을 포함하여 여러 질환을 치료하기 위한 치료한약을 많이 쓰고 있다.

이 외에 근골격계 통증에도 보통 침치료나 추나치료만 생각하는 경우가 많은데 이 때도 치료한약을 병행하면 호전에 더 큰 도움을 받을 수 있다. 또 한약은 다 보약이라고 생각해서 그런지 효과가 늦게 나타난다고 생각하는 경우도 많은데, 치료약에 해당하는 한약은 복용하면 바로 효과가 나타난다. 질환의 특성에 따라 다를 수 있지만 급성 질환은 바로 효과가 나타나게 된다. 목이 좀 붓거나 으슬으슬 감기 몸살 증상이 보이면 바로 감기 치료 한약을 복용하는데 비교적 빠르게 목이 편안해지고 몸살 증상이 잡히는 경우가 많다.

이처럼 한약에 대한 오해는 한약 전문가인 한의사와 조금 상담해보면 금방 풀리는 경우가 많다. 또 이런 오해는 한의원이 아닌 다른 경로에서 얻어진 한약재에 의해 생기는 경우도 많아 이에 대한 주의가 필요하다. 올바르지 못한 정보나 일부의 경험 때문에 아이의 건강에 도움이 될 수 있는 기회를 잃는 것을 보면 속상할 때도 많다. 앞으로는 더 많은 사람이 한의원에 내원하여 정확한 진료를 받고 오해를 풀고 건강을 유지하는데 한의원과 한약의 도움을 많이 받았으면 좋겠다는 바램을 가져본다.

약 먹고 빨리 나으면 좋은 것 아닌가요?

"아프면 집에서 쉬세요." 이번 코로나19 상황 초기에 뉴스에 많이 나왔던 말이다. 지금은 시간이 많이 흘러 감기 증상이 있으면 집에서 쉬거나 혹은 코로나19 검사를 받아보는 사람이 많지만, 그 때만 해도 아직 코로나19 대응 매뉴얼이 정착되지 않아 감기이겠거니 하고 해열제나 감기약 등을 먹고 일상생활을 그대로 하는 경우가 많았다.

지금까지 우리나라 사회 분위기는 감기에 걸리면 쉬는 것이 아니라 감기약을 먹고 그냥 그대로 생활하는 것이었다. 감기에는 사실 특별한 치료제가 없다. 감기에 걸렸다는 것은 내 몸의 면역체계에 문제가 생겨 바이러스 감염이 이루어졌다는 것이기에 면역체계를 돕기 위해 푹 쉬고 질 좋은 음식을 먹는 것이 중요하다.

흔히 감기약이라고 생각하는 것은 감기를 치료하는 것이 아니라 감기로 인해 나타나는 발열, 콧물, 기침 등의 증상을 완화하는데 도움이 되는 것이다. 이렇게 감기 증상 완화에 도움이 되는 약을 먹는 것을 대증요법이라고 한다. 이것의 가장 큰 단점은 사람들로 하여금 감기가 나았다고 착각하게 한다는 것이다. 감기에 걸리면 보통 열이 나고 콧물이 나는데 이때 사람들은 감기에 걸렸다고 인식하고 감기약을 복용하게 된다. 해열제, 항히스타민제 등을 복용하면서 일시적으로 열이 나지 않고 콧물이 나지 않으면 괜찮다고 생각하고 평소와 같이 일을 하고 활동하는 경우가 많았다. 이는 두 가지의 문제를 발생시키는데 하나는 이 상태에서 돌아다니면서 다른 사람을 감염시키는 원인이 된다는 것과 푹 쉬어야 회복되는 감기를 더 낫기 힘들게 만든다는 것이다.

아이들의 경우는 어떨까? 아이들은 감기나 장염 등 바이러스성 감염 질환에 많이 노출이 되는 경우가 아무래도 많다. 이렇게 아이에게 열이 나고 콧물이 나면 부모는 걱정스러운 마음에 소아과에 달려가 마찬가지로 항생제, 해열제, 항히스타민제, 진해거담제 등 감기 증상에 해당되는 감기약을 받아오게 된다. 이들 약을 복용하면 당장은 콧물과 기침이 줄어드니 감기가 나은 것처럼 보이겠지만 그것은 감기가 나은 것이 아니라 감기 증상을 잠시 완화시켜 둔 것일 뿐이다.

장염의 경우에도 마찬가지로 지사제를 복용하면 잠시 설사가 멈추기는 하겠지만 장염이 나은 것은 아니다. 오히려 장 속의 나쁜 물질을 설사로 빠르게 배출하는 것이 몸의 회복에는 더 도움이 될 수 있다. 약을 먹는다고 해서 무조건 그 질병이 낫는 것도, 무조건 좋은 것도 아니라는 것이다. 물론 상황에 따라 적절한 약 복용은 필요하고 아이가 힘들어하는 것을 보고만 있으라는 것은 당연히 아니다. 그러나 아이가 잘 놀고 컨디션도 괜찮은데 한 번씩 코를 훌쩍인다는 이유로, 하루에 몇 번은 기침을 한다는 이유로 약을 복용하는 것은 좋지 않다. 조금 심하게 얘기하면 이때 약을 복용하게 하는 것은 불안한 엄마의 마음을 안정시키는 것 그 이상도 이하도 아니다.

우리 나라는 대표적인 항생제 남용 국가 중 하나다. OECD에서 가장 항생제 처방이 많다는 뉴스는 이제 익숙할 정도다. 아마도 확실한 것, 빠른 것을 좋아하는 우리 나라 특유의 문화에 영향을 받은 것도 있지 않을까 싶다. 아이를 빨리, 확실하게 낫게 하고 싶은 부모의 마음이겠지만 무조건 약을 더 빨리, 더 세게 쓰는 것보다는 약 복용을 최소화하면서 약에 가려지지 않은 아이의 진짜 증상에 대해 경과를 확인하고 집에서 푹 쉴 수 있는 환경을 만들어주는 것이 더욱 중요하다. 약이 항상 몸에 좋은 것만은 아니다.

우리 아이 열 날 때 대처법

아이가 아프면 부모는 늘 당황스럽고 어떻게 해야할지 눈 앞이 캄캄하다. 그 중에서도 아이가 열이 오르면 덜컥 겁부터 나기도 하고 조금 더 집에서 지켜볼지 당장 병원에 가야할지 판단하기가 쉽지 않다. 코로나19 이후로는 더욱 그렇다. 아이가 열 날 때 대처 방법을 알아보자.

우선 의학적으로 발열의 기준은 38도다. 최근 코로나19 방역에서의 발열 기준이 37.5도여서 이를 혼동하는 경우가 많은데, 37.5도는 방역에서 빈틈이 생기지 않도록 조금 더 낮게 설정한 온도다. 따라서 아이가 38도가 되지 않았다면 해열제를 미리 먹일 필요는 없다. 38도 기준을 넘더라도 이는 이 때부터 해열제를 먹일 수 있다는 것이지 꼭 해열제를 먹여야만 하는 것은 아니다. 해열제는 아이의 체온과 상태를 함께 고려하여 복용하는 것이 바람직하다.

나는 보통 아이가 열이 나고 컨디션이 처져서 보채고 힘들어할 때, 점점 체온이 오르고 있을 때(특히 자야할 시간인데 점점 열이 오르고 있다면), 이전에 열성 경련과 관련된 과거력이 있을 때에 해열제 복용을 권하고 있다. 아이가 잘 먹고, 잘 놀고, 잘 자면서 컨디션이 괜찮다면 너무 빠르게 해열제를 복용시키는 것보다는 스스로 열을 이겨낼 수 있도록 조금 지켜보는 것이 좋다. 앞서 여러 번 강조했지만 발열은 생체의 방어 시스템 중 하나이므로 무조건 열을 내리는 것이 좋은 것은 아니다.

또 많은 부모가 착각하는 것 중 하나인데 해열제를 복용한다고 해서 바로 정상체온으로 돌아오는 것은 아니다. 현재의 체온에서 약 1도 정도를 떨어트려 아이가 발열 때문에 겪을 통증과 컨디션 저하를 막아주는 것이지 바로 정상 체온을 만들어주는 것이 아니다. 따라서 해열제를 추가 복용하거나 교차복용 할 때도 마찬가지로 아이의 체온과 컨디션을 함께 고려하도록 하는 것이 좋고 해열제를 먹였는데도 정상체온으로 떨어지지 않는다고 해서 무작정 해열제를 추가로 복용시키지 않도록 한다.

해열제를 복용할 정도가 아니라면 우선 아이를 집에서 충분히 쉬게 하면서 경과를 꼼꼼히 살펴주어야 한다. 체온을 시간별로 체크해서 점점 체온이 오르는지 혹은 떨어지는지, 해열제 복용 시간과 이후 다시 열이 오르는 주기 등을 기록해야 한다. 일반적인 감기로 인한 열이라면 처음 열이 난 기준으로 1~3일 정도가 지나면 열이 떨어지는 경우가 많고, 이외에 원인 모를 열이 3일 이상 이어지거나 해열제로도 체온 조절이 되지 않을 때, 또 돌 이전의 아이에게 열이 날 때는 바로 병원 진료를 받아야한다.

아이들이 열이 날 때 가장 주의해야하는 것은 탈수증상이다. 열과 땀이 나면서 수분 손실이 많아지기 때문에 꼭 수분을 충분히 섭취하도록 한다. 미지근한 물을 수시로 조금씩 마시도록 하고 아이가 물을 삼키기 힘들어한다면 입을 충분히 적셔주는 것만으로도 도움이 된다. 소변량과 색깔을 체크하여 소변량이 너무 적으면 탈수에 대한 진료를 받는 것이 좋다. 또 열이 날 때는 소화력이 떨어지는 경우가 많으므로 평소보다 소화되기 쉬운 음식을 소량씩 먹도록 한다.

또한 열이 날 때 옷을 벗겨주는게 좋은지 입혀주는게 좋은지, 이불을 어떻게 덮어줄지, 물수건을 해주는 것은 어떤지 물어보는 부모가 많다. 이는 일률적으로 적용하기 보다는 아이마다, 상황마다 다른데 기본적인 원칙은 얇고 통풍이 잘 되는 가벼운 옷과 이불을 사용하는 것이다. 열이 오르는 아이에게 땀을 뺀다고 너무 두꺼운 이불을 덮는것도, 열이 더 오를까봐 겁이나서 시원하게 해준다고 아예 이불을 덮어주지 않는 것도 좋지않다. 물수건은 열이 한참 오르면서 오한을 느낄때는 하지 않는 것이 좋으며 열이 다 오른 이후에 아이가 더워한다면 가볍게 미지근한 온도의 물수건으로 전신을 닦아주는 정도면 된다. 차가운 물수건을 아이 이마에 올려두면 오히려 혈관을 수축시켜 더 높은 열을 오르게 할 수 있으니 주의하도록 한다.

아이가 열이 난다는 것은 스스로 무언가 몸에 들어온 나쁜 것과 씩씩하게 싸우고 있다는 것이다. 그러므로 '열' 자체를 내리는 것에 집중하기 보다는 오히려 잘 싸우고 있는 아이를 가장 편안하게 도와주는 것이 중요하다. 따라서 체온과 함께 아이의 컨디션을 잘 살펴주고 관리해주는 것이 건강하게 열을 이겨내는 방법이 될 것이다.

우유 안 먹으면 키 안 크나요?

한의원에 와서 키와 체중을 체크한 뒤 아이가 기대보다 잘 자라지 못하고 있을 때 엄마가 걱정스러운 얼굴로 "혹시 우유를 안 먹어서 키가 안 크나요?"라고 물어보는 경우가 꽤 많다. 우유는 아주 대표적인 아이들의 간식 중 하나고 아직 우리나라에는 우유를 잘 먹어야 키가 큰다는 속설이 자리잡고 있는 듯하다. 그러나 우유를 싫어하는 아이도 생각보다 많아 이런 아이들의 부모는 혹시 우유를 안 마셔서 키가 안 클까봐 걱정을 하곤 한다.

우유는 좋은 칼슘과 단백질의 공급원이다. 비교적 저렴한 가격에 주변에서 쉽게 구할 수 있고 복용 또한 편리한 좋은 음식인 것은 맞다. 그러나 우유를 먹지 않는다고 해서 키가 크지 않는 것은 아니다. 아마도 예전에는 양질의 칼슘과 단백질을 쉽게 섭취할 수 없는 시기여서 우유를 먹으면 키가 큰다는 속설이 생기지 않았을까 싶다.

지금은 우유를 대체할 수 있는 여러 가지 좋은 식품이 많이 있으므로 아이가 우유를 싫어하거나 혹은 우유 알레르기, 유당불내증 등 우유를 먹을 수 없는 상황에도 꼭 우유를 억지로 먹일 필요는 없다.

우선 우유를 먹지 않는 아이라면 칼슘을 보충해 주는 것이 가장 중요하다. 우유는 200ml당 칼슘 200mg이 들어있을 정도로 칼슘이 풍부하다. 칼슘은 아이의 뼈 건강과 성장에 매우 중요하기 때문에 부족해지지 않도록 해야한다. 우유를 먹지 않는다면 치즈나 요거트와 같은 다른 유제품, 멸치 등 뼈째 먹는 생선, 깻잎, 미역 등 칼슘이 풍부한 음식을 챙겨야 한다. 혹은 칼슘 영양제로 보충하는 방법도 있다. 흰우유는 먹지 않고 딸기우유, 초코우유 등 맛과 향이 가미된 우유만 먹는 아이도 있는데 이런 가공 우유에는 당류가 많이 포함되어 있어 우유를 완전히 대신하기는 어렵다. 이때는 흰우유와 섞어서 당류 섭취를 조절하거나 다른 식품으로 대체하는 것이 좋다. 또 일반적인 생우유와는 달리 보관기간이 길고 휴대성이 좋은 멸균우유를 복용하는 아이들도 많은데, 멸균 우유에는 고온에 약한 몇 가지 유익균과 영양소가 조금 적기는 하지만 칼슘 함유량에 있어서는 큰 차이가 없으므로 상황에 맞게 복용하면 된다. 더불어 우유는 좋은 단백질 공급원 중 하나이므로 우유를 마시지 않는다면 고기, 생선, 계란, 콩류 등 다른 단백질 섭취에 신경을 써야한다. 아이가 다른 음식을 골고루 먹고 있고 특별히 식이에 문제가 없다면 우유를 먹지 않는다고 해서 키가 크지 않는 것은 아니니 걱정하지 않아도 된다.

우유와 관련해서 빠지지 않는 질문 중 하나가 언제부터 분유를 끊고 우유를 먹어야 하는지에 대한 것이다. 이에 대해 꼭 정해진 나이가 있는 것은 아니지만 보통 돌 전후로 아이가 이유식을 잘 하고 있고 성장에 문제가 없다면 분유에서 생우유로 바꾸는 것을 권장한다. 어차피 돌 이후부터는 우유가 아니라 고형식으로 씹어 먹는 세 끼 식사가 주된 칼로리의 공급원이 되므로 분유를 먹일 필요가 없다.

그러나 아이가 식욕부진이 있어 밥 양이 적거나 특히 체중이 적게 나가는 경우에는 성장에 도움이 될까해서 분유를 오랫동안 먹는 경우가 종종 있다. 그러나 이는 일시적인 것일뿐 분유가 주식을 대체할 수는 없다. 오히려 칼로리가 높고 포만감이 느껴지는 분유를 먹게 되면 아이는 고형식을 씹어 먹는 습관을 들이기가 어려워 장기적으로는 식사에 더 나쁜 영향을 줄 수 있다. 이유식을 아예 진행하지 못했거나 다른 질병상의 이유가 있는 것이 아니라면 돌 이후에는 점차 분유를 줄이고 제대로 된 세 끼 식사와 생우유로 칼슘을 보충하는 것이 좋다.

우리 아이 발달이 느린 것 같아 걱정이예요

아이가 태어나면 부모의 첫 걱정은 '성장발달'이다. 우리 아이가 잘 자라고 있는 것인지 다른 또래 아이들에 비해 느린 것은 아닌지 하는 것이 초보 부모에게는 늘 걱정으로 다가오기 마련이다. 그래도 그나마 키, 체중 등은 숫자로 확인할 수 있는 것이지만 발달에 관련된 것은 수치화하기가 어려워 기준에 맞춰 상태를 파악하기가 더욱 어렵게 느껴질 수 있다. 그래서 그런지 진료실에서 '우리 아이 발달이 느린가요?'하는 질문도 많이 받는다. 하지만 이 질문에 명확하게 답변하기가 사실 쉬운 일이 아니다. 아이들의 발달은 워낙 개인차가 큰 편이라 정상과 지연의 범위를 딱 잘라 말하기가 어렵기 때문이다. 그러나 아주 기본적인 기준을 부모가 알고있으면 아이의 발달 정도를 파악하기가 조금 더 수월할 것이다.

첫 번째, 아이들의 발달은 크게 운동 발달, 언어 발달, 인지 발달, 정서 및 사회적 발달로 나누어 볼 수 있다. 각 발달은 서로 영향을 주고 받으면서 함께 발달을 하게 되지만 이를 파악할 때 부모가 모든 것을 한 번에 고려하기는 어렵기 때문에 크게 기준을 나누어 아이의 발달 정도가 어떤지를 생각해보는 것이 좋다. 그냥 느낌상 우리 아이의 발달이 느린 것 같다는 다소 불명확한 생각보다는 아이의 발달이 느리다면 다섯 가지 분야 중 어느 쪽이 부족한지를 나누어 파악해보는 것이다. 이 중 특히 운동 발달은 아이의 움직임과 관련되는 것으로 대근육을 쓰는 걷기, 뛰기, 서기 등과 작은 근육을 쓰는 손으로 잡기, 주먹 쥐기, 연필 잡기 등을 구분하여 파악하는 것이 좋다.

두 번째, 나이에 따른 정상발달표는 참고로 하되 너무 그것에 얽매일 필요는 없다. 앞서 설명한 것과 같이 발달은 개인차가 매우 큰 편이므로 정상발달표라고 하는 것에 우리 아이가 미치지 못한다고 해서 너무 걱정할 필요는 없다. 아이가 차근차근 발달을 해나가고 있는지를 점검하는 것이 우선이다. 그러나 아이의 나이에 맞는 발달 평가 기준을 놓고 봤을 때 30%이상의 항목에서 기준에 미치지 못한다면 정밀 검사를 받아보는 것이 좋다. 무조건 때가 되면 다 하겠지 라는 생각에 기다리다보면 적절한 치료 시기를 놓칠 수 있다. 특히 만 3세까지 사람의 뇌는 가장 많은 발달을 이루기 때문에 이 시기에 많은 자극을 받는 것이 필요하고 문제가 있다면 이 시기가 지나기 전에 치료나 교육을 받는 것이 필요하다.

특히 이 시기의 언어 발달은 지능 및 상호작용, 사회성 등 전반적인 발달의 지표가 될 수 있어 중요하다. 일반적으로 남아가 여아에 비해 느린 경향성이 있으나 12개월에 말을 한 마디도 하지 않거나 18개월에 말보다는 몸짓으로 의사표현을 하려고 하거나 만 2세에도 간단한 두 단어 문장을 만들지 못할 때, 만 3세에도 문장으로 의사소통을 하지 못한다면 임상

검사를 받아보는 것을 권한다.[45]

발달은 아이의 어떤 한 시기에만 일어나는 일이 아니라 아이가 성장해 나가는 모든 기간동안에 걸쳐 조금씩 이루어지는 것이다. 아이가 다른 아이들보다 조금 빨리 걸었다고 해서, 혹은 다른 아이들보다 말을 조금 늦게 했다고 해서 장기적인 발달 결과가 달라지지는 않는다. 따라서 아이의 행동 하나, 말 하나에 일희일비하지 말고 꾸준히 발달 정도를 점검하는 것이 가장 중요하다. 적어도 6개월에 한 번씩은 국가에서 시행하는 영유아검진을 포함하여 아이의 성장 발달을 점검해야한다.

아이가 전반적인 발달에 크게 문제가 없으면 이 검진을 빠트리는 경우가 있는데, 전체적으로는 괜찮아도 특정 부분에서 발달이 약간 지연되는 경우는 생각보다 많다. 이런 경우는 보통 해당 부분에 대한 자극이 적었거나 발달할 수 있는 기회가 적게 주어진 것으로 볼 수 있다. 따라서 아이의 발달 상태를 점검하여 부족한 부분이 있다면 보충하고 다양한 자극을 줄 수 있도록 돕는 것이 중요할 것이다.

너무 어려운 아이 피부 관리 어떻게 해야 할까요?

아이들의 피부는 여리고 예민해서 다양한 피부 문제가 발생하기 쉽다. 여름에는 덥고 습한 날씨 때문에 땀띠나 습진으로 고생하기도 하고, 겨울에는 건조한 날씨로 피부 가려움이나 건조증이 쉽게 생긴다. 이럴 때 부모의 세심한 관리가 중요하다.

여름철에 가장 신경을 써야 하는 피부 문제는 땀띠다. 아이들은 성인에 비해 땀이 많고 땀샘의 밀도가 높아 땀구멍이 막혀서 생기는 땀띠가 발생하기 쉽다. 또 살이 접히는 부위나 기저귀가 닿는 부위는 습해지기 쉬워서 땀띠를 비롯한 여러 가지 피부 습진이 발생할 수 있어 주의가 필요하다. 여름에는 땀이 나면 최대한 빠르게 씻기거나 너무 자주 씻길 수 없다면 깨끗한 가재수건으로 땀을 닦아주어 피부의 습한 상태가 오래 지속되지 않도록 해야한다. 땀띠에 베이비 파우더를 쓰는 경우가 많은데 이 파우더는 소량만 써야하고 너무 많이, 자주 쓰게 되면 오히려 땀과 파우더가 뒤섞여 땀구멍을 더 막히기 쉽게 만들 수 있어 주의가 필요하다.

또 여름철에 부모의 속을 썩이는 문제 중 하나는 모기다. 아이들은 성인보다 모기에 잘 물리기도 하고 모기에 물린 자리가 심하게 붓거나 가려움증이 심한 경우도 많다. 이렇게 모기 침에 대한 알레르기 반응을 일으키는 것을 스키터 증후군이라고 한다. 심한 경우는 모기 물린 자리가 퉁퉁 부어올라 열감이 느껴지고 통증까지 느껴져 아이가 매우 고생을 하기도 한다. 이때 가려움을 참지 못하고 아이가 반복적으로 긁게 되면 손톱에 의해 상처가 생겨 2차 감염으로 인한 농가진, 봉와직염 등 합병증이 생길 수 있기 때문에 주의해야 한다. 따라서 모기에 물렸을 때는 절대 긁거나 손을 대지 않도록 하고 냉찜질을 하여 혈관을 수축시키고 가려움증을 완화할 수 있도록 한다. 1~2일 지나도록 증상이 가라앉지 않는다면 진료를 받고 증상에 따라 항생제나 항히스타민제 등을 처방받아 복용하는 것이 좋다. 증상이 심하지는 않더라도 모기에 물리면 가벼운 가려움과 부종 등은 있을 수 있기 때문에 최대한 모기에 물리지 않도록 하는 것이 유일한 예방법이다. 모기 기피제는 아이들도 쓸 수 있는 성분인지 확인하여 사용하도록 하고 잘 때는 모기장을 치고 야외에서는 얇은 긴 팔 옷을 입도록 해서 물리적으로 모기를 차단하는 것이 가장 좋다.

반대로 겨울철에는 춥고 건조한 날씨가 이어져 아이들의 피부 또한 건조해지기 쉽다. 건조한 공기의 영향으로 피부를 보호하는 지질막과 유분기가 부족해져서 피부가 당기고 가려움을 느끼게 된다. 이때는 당연히 충분한 피부 보습이 매우 중요하다. 아이에게 잘 맞는 보습제를 선택하여 온 몸에 얇게 자주 발라주는 것이 좋다. 특별히 건조해지기 쉬운 다리, 등 부위 등은 조금 더 꾸덕한 크림 타입의 보습제를 덧발라주어야 한다. 다만 너무 유분기가 많은 제품이나 오일 타입의 보습제는 오히려 모공을 막거나 아이가 그 느낌을 싫어할 수 있어 주의가 필요하다. 유독 건조하고 가려워하는 부위가 있다면 깨끗한 거즈수건에 생리식염수를 적셔서 올려두면 수분 공급과 가려움 완화에 도움을 받을 수 있다.

만약 평소 피부 알레르기가 있는 아이라면 새로운 제품을 사용할 때 처음부터 넓게 바르지 말고 한 부위에 소량만 발라서 알레르기 반응을 확인해야 한다. 이 때 얼굴 피부와 몸쪽 피부의 반응이 다를 수 있으므로 피부가 많이 예민한 아이라면 부위를 구분하여 확인하는 것이 좋다. 보통 아이의 피부 증상은 비슷비슷해 보여서 증상이 생겼을 때 바로 병원에 가야할지 조금 더 지켜봐도 될지 헷갈리기도 한다. 이 부분에 대해서 가벼운 가이드라인을 제시한다면, 피부 증상이 몸에 한두 개 올라온 정도고 가려워하지 않는다면 손을 자주 대지 않도록 하고 경과를 지켜볼 수 있다. 만약 피부 증상이 점점 더 퍼지는 양상이거나 발열이 동반되거나 아이가 해당 부위를 많이 가려워하면서 힘들어한다면 병원 진료를 받아보는 것이 좋다. 피부 발진은 단순한 피부 문제가 아니라 다른 바이러스 감염 등에 의한 것일수도 있기 때문에 부모가 감별하기 보다는 증상이 이어지면 주치의와 상담을 해보는 것을 권한다.

[주]

1) Frank R. Greer, Scott H. Sicherer, A. Wesley Burks, 〈The Effects of Early Nutritional Interventions on the Development of Atopic Disease in Infants and Children: The Role of Maternal Dietary Restriction, Breastfeeding, Hydrolyzed Formulas,and Timing of Introduction of Allergenic Complementary Foods〉, COMMITTEE ON NUTRITION and SECTION ON ALLERGY AND IMMUNOLOGY, Pediatrics, 2019 Apr;143(4):e20190281.

2) U.S. Department of Health and Human Services, 〈Physical Activity Guidelines for Americans 2nd edition〉, 2018, 46–48.

3) Atara Uzan–Yulzari, Olli Turta, Anna Belogolovski et al. 〈Neonatal antibiotic exposure impairs child growth during the first six years of life by perturbing intestinal microbial colonization〉, Nature Communications, Article number: 443 (2021).

4) B S Schwartz, J Pollak, L Bailey–Davis et al. 〈Antibiotic use and childhood body mass index trajectory〉, International Journal of Obesity, 2016:40;615 – 621.

5) Hyun Mi Kang, Dae Cheol Jeong, Byung–Kyu Suh, Moon Bae Ahn, 〈The Impact of the Coronavirus Disease–2019 Pandemic on Childhood Obesity and Vitamin D Status〉, Journal of Korean Medical Science 2021;36(3):e21.

6) Aaron A. Kandola, David P. J. Osborn et al. 〈Individual and combined associations between cardiorespiratory fitness and grip strength with common mental disorders: a prospective cohort study in the UK Biobank〉, BMC Medicine, Article number: 303 (2020).

7) Emma Carlsson, Anneli Frostell et al. 〈Psychological Stress in Children May Alter the Immune Response〉, J Immunol, 2014 Mar 1;192(5):2071–2081.

8) 대한기능의학회, 《기능의학》, 범문에듀케이션, 2017, 361–371.

9) 정성호, "친구 없이 고립 속에 유년기 보낸 '코로나 세대' 등장"〈CNN〉, 연합뉴스, 2021. 3. 12.

10) Sara A. Charney, Stephen M. Camarata et al. 〈Potential Impact of the COVID–19 Pandemic on Communication and Language Skills in Children〉,Otolaryngol Head Neck Surg. 2021 Jul;165(1):1–2.

11) A R Abbas, D Baldwin, Y Ma et al. 〈Immune response in silico (IRIS): immune-specific genes identified from a compendium of microarray expression data〉. Genes & Immunity. 2005 Jun;6(4):319-331.

12) A Katharina Simon, Georg A Hollander, Andrew McMichael. 〈Evolution of the immune system in humans from infancy to old age〉. Proceedings of the Royal Society B: Biological Sciences. 2015;282(1821):20143085.

13) Andrew Moore. 〈Recurrent Infections May Signal Immunodeficiencies〉. American Academy of Allergy Asthma & Immunology. 2020.

14) WHsin-Jung Wu, Eric Wu. 〈The role of gut microbiota in immune homeostasis and autoimmunity〉. Gut Microbes. Jan-Feb 2012;3(1):4-14.

15) 〈'sbs 스페셜' 황혼육아, 벗어날 수 없는 육아의 굴레 대안 찾기〉. 부산일보. 2020. 1. 19.

16) 조숙인 외. 〈맞벌이 가구의 일·가정 양립을 위한 육아 지원 방안 연구〉. 육아정책연구소. 2020.

17) 신필경 외. 〈한식의 체내 대사에 미치는 영향에 대한 연구: 소변 유기산 분석을 통한 한식의 효과〉. J Nutr Health. 2020 Jun;53(3):231-243.

18) 방기혁 외. 《지속가능과 식생활》. 농림축산식품부 식생활교육국민네트워크 편. 2018.

19) Ahmad Fawad Satari, V. Srinivasa, Devaraju et al. 〈Study on Growth and Root Yield of Radish (Raphanus sativus Lam.) as Influenced by Nutrition〉. Int.J.Curr.Microbiol. App.Sci. 9(08): 2466-2471.

20) 황윤재, 주준형. 〈2020년 국민 식생활 실태조사〉. 한국농촌경제연구원. 2020.

21) 〈2020 한국인 영양소 섭취기준〉. 보건복지부. 한국영양학회. 2020.

22) 〈영유아 단체급식 가이드라인 1인 1회 적정 배식량〉. 식품의약품안전처. 중앙 급식관리지원센터. 2013.

23) 안효섭 외. 《홍창의 소아과학》. 미래엔. 2012. 27쪽.

24) Eun Sil Kim, Yiyoung Kwon et al. 〈COVID-19-related school closing aggravate obesity

and glucose intolerance in pediatric patients with obesity〉. Scientific Reports 11, Article number: 5494 (2021).

25) Andrew G Rundle, Pam Factor-Litvak, Shakira F Suglia et al. 〈Tracking of Obesity in Childhood into Adulthood: Effects on Body Mass Index and Fat Mass Index at Age 50〉. Child Obes. 2020 Apr;16(3):226–233.

26) Y. Song, H. Joung. 〈A traditional Korean dietary pattern and metabolic syndrome abnormalities〉. Nutrition Metabolism and Cardiovascular Diseases, 2012, 22(5):456–462.

27) 〈코로나19에 따른 소비재산업 영향 분석〉, 삼정 KPMG 경제연구원, 2020.

28) Filippa Juul, Georgeta Vaidean et al. 〈Ultra-processed foods and incident cardiovascular disease in the Framingham Offspring Study〉. J Am Coll Cardiol. 2021 Mar;77(12):1520–1531.

29) Choi MH, Lee JY. A Pilot Study for Analysis of Genetic and Environmental Factors on Final Adult Height. J Korean Oriental Pediatr. 2011;25(3):57–69.

30) W F Baum, U Schneyer et al. 〈Delay of growth and development in children with bronchial asthma, atopic dermatitis and allergic rhinitis〉. Exp Clin Endocrinol Diabetes. 2002 Apr;110(2):53–9.

31) Ju Sup Shim, Sung Wan Kim et al. 〈The short stature in Children with Hypertrophy of Adenoid and Tonsil or Allergic Rhnitis〉. Korean Journal of Otorhinolaryngology-Head and Neck Surgery, 2006;49(4):390–394.

32) Tae Won Kim, Jong-Hyun Jeong, Seung-Chul Hong. 〈The impact of sleep and circadian disturbance on hormones and metabolism〉. Int J Endocrinology, Article ID: 591729 (2015).

33) Frystyk J. 〈Exercise and the growth hormone-insulin-like growth factor axis〉. Medicine and Science in Sports and Exercise, 2010 Jan;42(1):58–66.

34) Michaela Pascoe, Alan P Bailey, Melinda Craike et al. 〈Physical activity and exercise in youth mental health promotion: a scoping review〉. BMJ Open Sport & Exercise Medicine, 2020;6(1):e000677.

35) WHO. 《Guidelines on physical activity, sedentary behaviour and sleep for children under

five years of age》, 2019.

36) WHO. 〈World Report on vision〉. 2019.

37) Amanda N. French, Regan S. Ashby et al. 〈Time outdoors and the prevention of myopia〉. Experimental Eye Research, 2013 Sep;114:58–68.

38) 홍강의, 《DSM-5에 준하여 새롭게 쓴 소아정신의학》, 학지사, 2014, 242–248쪽.

39) http://www.mentalhealth.go.kr/portal/disease/diseaseDetail.do?dissId=16

40) Luise Kazda, Katy Bell et al. 〈Overdiagnosis of Attention-Deficit/Hyperactivity Disorder in Children and Adolescents: A Systematic Scoping Review〉. JAMA Netw Open, 2021;4(4):e215335.

41) Mark L. Wolraich, Joseph F. Hagan et al. 〈Clinical Practice Guideline for the Diagnosis, Evaluation, and Treatment of Attention-Deficit/Hyperactivity Disorder in Children and Adolescents〉. Pediatrics, 2019 Oct;144(4):e20192528.

42) Paramala Santosh. 〈Stimulant medication to treat attention-deficit/hyperactivity disorder〉. BMJ. 2017 Jul;358:j2945.

43) J Graham, T Banaschewski et al. 〈European guidelines on managing adverse effects of medication for ADHD〉. European Child and Adolescent Psychiatry, 2011;20:17–37.

44) Bilal Avan, Linda M Richter et al. 〈Maternal postnatal depression and children's growth and behaviour during the early years of life: exploring the interaction between physical and mental health〉. Arch Dis Child. 2010 Sep;95(9):690–5.

45) 안효섭 외. 《홍창의 소아과학》 미래엔, 2012, 31쪽.